風暴思維

從危機管理理論到韌性治理的行動思考策略

黃兆璽 Joseph Huang ——— 著

FOREWORD
風暴回聲｜穿越風暴者的思維迴響

他們不是為了推薦而來，而是在自身風暴經驗中，選擇開啟一場思辨對話。他們所分享的，不只是對危機的洞察，更是真實的見證，當風暴來襲，如何抉擇、堅持，並帶領他人穿越混沌。

這些聲音，來自王金平、許勝雄、蔡明忠、盧秀燕、劉金標、蔡其昌、吳清邁、張國恩、黃騰輝、鄭照新、趙少康、詹怡宜、潘祖蔭、李書行、沈中元、王凱立、張峻豪等跨界領袖。他們從政治溝通、企業治理、市政決策、媒體現場到學術反思，為這本書注入思想的迴響與行動的光芒。

危機風暴的本質，不在於風的強弱，而在於是否準備好與風共舞。它是一場組織韌性的實境測驗，是領導者是否具備「預見力、溝通力與重塑力」的試煉場。讓我們一起牢記：「風暴來時不是為了摧毀我們，而是讓我們清楚看見自己能走多遠。」這也是我寫《風暴思維》的初衷，讓它不只是一本關於危機的書，更是一場關於勇氣與選擇的跨界對話。

作者　黃兆璽

FOREWORD
風暴回聲｜穿越風暴者的思維迴響

風暴來時，領導者不該等待天晴，而要起身上路。選擇行動，才能改變命運。這本書提醒我們：真正的韌性，是能在混亂中辨識方向，並勇敢前行。

捷安特創辦人　劉金標

危機無所不在，唯有沉著溝通、放大格局，方能化解對立、轉危為安，走向和平共融之道。閱讀《風暴思維》，正是學習這份從容與遠見的起點。書中揭示面對混亂的理論工具，更提供轉化危機為行動智慧的實戰策略。

前立法院長、東海大學講座教授　王金平

成功來自對風險的敏感，與對失敗的坦然。危機是磨練格局的契機。我們都渴求成功，害怕失敗。然而，能在失敗時坦然接受、反省學習、修正進化，才是通往成功的真正途徑。失敗不應被視為終點，而是深化管理韌性與策略判斷的起點。

富邦集團董事長、東海大學講座教授　蔡明忠

FOREWORD
風暴回聲｜穿越風暴者的思維迴響

從與父親許潮英創辦金仁寶那天起，我們就知道，企業的成長從來不靠順風。

工廠被祝融吞噬、美中貿易戰壓境，我走過的不是平路，而是踏著血跡前行的每一步。我始終相信，危機不會自動變成轉機，它必須進而形塑成契機。真正的韌性，不是撐住不倒，而是在反覆撞擊後，仍能修正、回彈、再出發。那才是企業能走長路的本事。

黃兆璽的《風暴思維》寫的，不是風暴的外觀，而是如何在中心還能選擇清醒、還能帶領組織前行的那種勇氣。

金仁寶集團總裁、東海大學講座教授　許勝雄

面對風暴，唯有堅定信念、迅速行動，才能得到人民的信任並引領前進。閱讀《風暴思維》讓我們對危機更不畏懼，因為可以增加克服挑戰的勇氣和能力。

台中市長　盧秀燕

FOREWORD
風暴回聲｜穿越風暴者的思維迴響

危機隨時隨刻可能降臨，發生來源打從外在川普關稅釀出的全球經濟不確定性，到全球氣候變遷引發身處的地方災害，甚至於近距離社群媒體能產生企業及個人危機，加上運用AI可能帶來的危機升級，本書中引述台灣的實例多起，不斷闡述察覺、事先準備與建立韌性網絡為能克服及妥善處理危機的關鍵性。作者黃兆璽也以扎實的記者及高等教育公關室主任的經驗清晰解析新聞稿在危機處理中的運用，強調在傳遞信息中更要傳遞讓人能感受到價值與理念。反應不只是速度，更是格局的展現，是掌握決策的黃金點契機及管理的藝術。此書發表正是時候，易讀易懂，是必讀的教戰手冊。

東海大學董事長、哈佛大學經濟學博士　吳清邁

「面對風暴，更需堅定使命。教育的本質，是在動盪中培養能肩負未來的人；在迷霧中，點燃價值的光。」誠摯推薦《風暴思維：從危機管理理論到韌性治理的行動思考策略》，一本引領教育者與領導者，在不確定年代中尋得信念與行動方向的智慧之書。

東海大學校長、前國立臺灣師範大學校長、台灣大學電機系博士
張國恩

FOREWORD
風暴回聲｜穿越風暴者的思維迴響

棒球，是一場場面對未知、即時判斷與持續調整的修練；危機，也是如此。真正的領導，不在於穩定時的穩健，而是在風暴來襲時，能否以韌性轉化壓力、以格局化解衝突。《風暴思維》不只是一本危機管理的書，更是一堂關於『反脆弱』的行動課，教我們如何在混亂中打出改變的全壘打。

中華職棒會長、現任立法委員、前立法院副院長　蔡其昌

風暴，是時代對領導者與說真話者的壓力測試。
我曾在政壇服務，站上過權力的高峰，也跌倒過，退場過。那些年，風暴教會我一件事：真正的力量，不是從未跌倒，而是跌倒之後還能不改初心、不失立場。
從政治到媒體，角色轉換了，風暴沒有少過。作為媒體人，我從不妥協於風暴，也不迎合風向。媒體的價值，不是裝懂一切，而是堅持說出真相，哪怕逆勢而行。
這些年來，外在的喧囂與內在的質疑從未停止，但我始終相信：沉默不是中立，妥協不是穩定。
每一次風暴，都在提醒我：別急著討好人心，要努力看清真相。
你若能在風暴中堅守思辨、獨立發聲，就已經是另一種安定的力量。

中國廣播公司前董事長、TVBS少康戰情室主持人、政治評論員

趙少康

FOREWORD
風暴回聲｜穿越風暴者的思維迴響

難得如此完整且系統化的教戰指南，既激勵又實用，有助領導人面對風暴，也幫助我們媒體與旁觀者看懂危機與韌性。

TVBS新聞部副總經理　詹怡宜

關鍵時刻，說對一句話，勝過萬言。在危機之中，語言不是修辭，而是一種治理；溝通不只是止血的工具，更是重建信任與方向的起點。《風暴思維》是領導者鍛鍊洞察、回應與引導能力的實戰書寫，讓人在混亂中看見秩序，在紛亂裡重拾判準。

台中市副市長　鄭照新

危機，不只是風暴的來臨，更是靈魂被試煉的時刻。真正的勇氣，是在動盪裡仍願意細心栽培價值之花，讓玫瑰在瓦礫中綻放。這本書，如一封寫給時代的情書──從新聞現場到校園現場，記錄下制度的裂痕與人性的微光，是一部關於修復與希望的深刻告白。

藝術家、古典玫瑰園創辦人　黃騰輝

在風暴裡思考，不需要躲避，而是為了找到更深的信念。這本書不是教你如何「應變」，而是邀請你誠實面對混亂與不安，重新認識什麼是「真正的堅強」。

好好聽FM文創傳媒創辦人、前中天電視台董事長　潘祖蔭

FOREWORD
風暴回聲｜穿越風暴者的思維迴響

身為長年在教育與公共治理領域引領變革的管理者，我深知：真正的危機，往往不是風暴本身，而是組織內部失去韌性的時刻。《風暴思維》一書，作者黃兆璽以縝密的理論脈絡與深刻的行動省思，勾勒出一條從混沌走向重生的路徑。書中結合理論與實踐，理性與人性，對當代領導者極具啟發與指引價值。我誠摯推薦本書給每一位願意直面挑戰、重塑組織力量的領導者。唯有在困頓中堅守初心，在變局中鍛鍊制度與人心，方能在逆境中找到新的航道，航向更堅實與寬廣的未來。

國立空中大學公共行政系教授、前國立空中大學副校長　沈中元

「不要浪費每一次重大危機，每一次危機都能造就一位英雄。」
──邱吉爾

《風暴思維》強調溝通、信任與制度韌性的關鍵角色，是一份來自未來的提醒。它不只是告訴我們如何應對挑戰，更啟發我們：在混沌與動盪中，唯有以突破框架的思維、洞察本質的智慧與行動拍板的勇氣，才能找到破局之道，甚至，成為引領改變的人。

每一次風暴，都是一次重生。這本書，不僅是面對風暴的生存指南，更是每一位領航者在時代轉折點上，必備的智慧地圖。

東海大學管理學院院長　王凱立

FOREWORD
風暴回聲｜穿越風暴者的思維迴響

環境不斷變化，挑戰無所不在。唯有深度決策與行動智慧，方能在危機中突圍，建立屬於自己的韌性與反脆弱體系。而這也正是《風暴思維》中所要傳遞的核心訊息，危機從來不是終點，而是一個嶄新的起點。這本書匯聚了作者在新聞現場、教育現場與組織治理中的深度觀察與實戰反思，期盼能成為領導者、決策者與學習者穿越風暴、走向永續的思維指南。

長庚大學管理學院院長、前國立臺灣大學副校長　李書行

危機無法避免，韌性可以鍛鍊。真正的領導力，來自於在混亂中依然看見方向的能力。本書引導我們透過思考化解危機。

東海大學社會科學院政治系主任　張峻豪

PREFACE
風暴思維：在壓力下保持優雅

　　危機，是一道殘酷的考題，測驗的不只是應變速度與執行效率，更深刻地挑戰著信任的厚度、文化的韌性，以及領導者與組織在風暴中能否站穩、抬頭、前行。

　　這樣的壓力，常讓我想起海明威（Ernest Hemingway）的一句話："Courage is grace under pressure."「勇氣，就是在壓力之下依然保持優雅。」作為他忠實的讀者，我不僅著迷於其洗鍊文字，更敬佩他在逆境中展現的意志，那是一種「在刀口上不失風度」的姿態，一份坦然面對生命起伏的沉靜力量。

　　回顧我歷經的新聞現場、公關危機與大學治理前線，每當風暴逼近，總會想起那句話：事件或許無法改寫，但我們可以選擇如何面對、如何堅守尊嚴。在人生的轉角，挑戰可能是一場突如其來的病痛、一段被誤解的訊息，或一位決裂的夥伴；而在組織的命脈中，挑戰則可能是一場突如其來的公關風暴、一樁高層人事角力，或一次橫掃全球的危機。而韌性，便是在這些風暴中悄然綻放的玫瑰，不喧嘩，卻默默挺立；不張揚，卻堅毅綻放，成為最沉靜的美麗。

　　事實上，危機從來不是一種詩意的想像，而是每一個組織都必須面對的現實。正如危機管理之父Mitroff所言："Crises are not 'if' but 'when.' Proper preparation and leadership can transform crises into opportunities for growth." （Mitroff, 2001）「危機不是會不會發生，而是何時發生。透過完善的準備與領導力，危機甚至能轉化為成長的契機。」

這句話正道出危機管理的核心：我們無法阻止風暴來襲，但我們可以選擇在事前備妥警覺，在事中展現決斷與溝通，在事後反思修復，讓痛苦成為鍛造韌性的沃土。

在聯合報系《星報》與《聯合報》任職期間，我曾採訪無數讓人「無語問天」的現場，包括企業倒閉、人物醜聞、政治風暴、天災人禍……，有些危機最終化險為夷，也有些留下難以彌補的傷痕。轉任國立臺灣師範大學擔任公關室執行長後，持續面對各式公關挑戰，也更深刻體會到高等教育機構所處的脆弱與複雜。招生壓力、排名競逐、行政與學術角力、媒體對教育議題的高強度追蹤，皆可能轉瞬引爆校譽風暴。

當時，臺師大正處於轉型為綜合大學、並面對國際排名競爭加劇的關鍵轉折期。唯有重新審視學校的發展願景與課程特色，才能為這所擁有深厚底蘊的師範品牌找到前進的節奏。回望那段歷程，最令人深感動容的，是親眼見證國立臺灣師範大學的翻轉。面對招生壓力、媒體風險、國際排名與政策波動等多重挑戰，時任立法院院長的王金平先生與金仁寶集團的董事長許勝雄先生先後擔任臺師大全國校友總會理事長，他們總以溝通為起點、信任為橋梁、行動為回應，始終以母校為念，展現「格局」與「無私」，成為時任臺師大校長張國恩教

授在帶領學校轉型時穩住根基、穩健前進的重要後盾。

從危機傳播管理的角度來看，這樣的行動正是情境式危機傳播理論（SCCT）中的「支援性回應策略（supportive response strategy）」與「再建型策略（rebuild strategy）」的實踐典範，在高壓情境下，透過領導層與關鍵利害關係人的公開支持與主動參與，有效轉化危機為社會信任的再建機會。同時，根據Benoit的形象修復理論（Image Repair Theory），透過「提醒（reminder）」與「強化（bolstering）」策略的應用，不僅有助於強化組織原有的正面聲譽資源，也能在危機發生時減少社會責難，提高組織應對的道德正當性。

事實上，王金平與許勝雄兩位校友代表的投入，提供了臺師大珍貴的聲譽資本（reputational capital）與信任韌性（trust resilience），在媒體環境劇變、教育政策轉向的敏感時刻，穩定了外部觀感，也凝聚了內部士氣。正是在這樣堅實的基礎上，臺師大於《泰晤士高等教育》（THE）與QS世界大學排名中持續突破，不僅穩居國內頂尖大學之列，更在國際高教版圖上寫下難能可貴的翻轉奇蹟。

2022年，我轉任東海大學擔任公共事務暨校友服務處處長。對我而言，這不僅是一段職涯的轉變，更是一個重新思索教育價值與大學角色的契機。東海大學作為一所蘊含基督教深厚信仰底蘊的人文大學，自1955年創校以來，始終以誠實面對世界、尊重個體價值、實踐公益關懷為辦學理念，塑造出獨具風格的教育樣貌。這所大學的珍貴，不僅來自台中大肚（度）山丘之上的壯麗校園風景，更體現在其

長久以來,在台灣高等教育史中,所堅持的一種信仰與自由交織、知識與服務共生的教育靈魂。

首任校長曾約農在創校典禮中指出:「開創是我們的格言」（Pioneering will be our watchword）。這句話不僅是創校者的遠見宣示,更奠定了東海人共同的精神座標。從率先推動通識教育與勞作制度,到首創圖書館開架制與全人導師制度,東海在制度設計上一次又一次突破既有框架,為台灣高教注入嶄新的理念與實踐動能。這份不畏傳統、不懼改變、勇於開路的精神,並未被封存於歷史,而是深深植入每一位東海人的信念與行動中,成為前行的重要動力。

然而,再輝煌的過去,也無法使一所大學免於當代高教風暴的衝擊。隨著少子化加劇、高教資源分配趨於兩極、社會信任裂解與媒體生態劇變,東海與許多歷史悠久的名校一樣,也正面臨招生壓力、聲譽波動與國際排名挑戰交織的現實。過往的榮耀曾一度被校友與社會質疑是否能延續,招生缺額與媒體論述的轉向,使這所歷史名校站上品牌重塑與制度轉型的十字路口。

東海所面對的高等教育困境,與國立臺灣師範大學當年所歷經的情境幾乎如出一轍。也因此,前臺師大校長張國恩教授接掌東海大學後,於這所兼具信仰精神與學術傳統的大學之中,逐步展開一場品牌再造與信任重建的行動。這不僅是回應時代挑戰的實務工程,更是一段重新凝視與實踐教育本質的旅程。

張校長更在此過程中導入美國史丹佛大學提出的「未來大學」

（University of the Future）思維架構，強調大學應從知識輸出者轉型為社會創新與價值共創的策源地，並將其理念實踐於東海校園的制度調整與價值重申之中，為這所即將邁入七十週年的大學，開啟一條結合國際視野與在地關懷的創新之路。

在這樣的理念與背景下，我導入危機傳播理論與聲譽治理架構，以 Benoit 的「形象修復理論」（Image Repair Theory）與 Coombs 的「情境式危機傳播理論」（Situational Crisis Communication Theory, SCCT）為基礎，發展出一套整合性的策略體系。這場轉型的推動，並不僅是為了回應當前的挑戰，更是一種對信仰價值與教育初衷的深度回應。期盼，這所肩負使命的學府，能夠重新凝聚社會的理解與信任，回復它應有的榮耀與感召力，再次成為台灣高教體系中引領改革、溫潤人心的典範。

因此，這場轉型的起點，並非僅僅出於包裝或形式，而是源於一份更深層的渴望，讓東海原本就具備的基督教精神與教育價值被清楚看見、被正確理解、被真誠信任。策略上，持續運用「正面強調」與「提醒策略」，深化社會對東海基督教大學定位的認識，凸顯僕人精神所體現的勞作教育核心價值，以及在 AI、永續發展與國際等關鍵議題上的前瞻思維。

在媒體實務層面，我們透過主動澄清、訊息節奏的調整與正向語境的引導，逐步建立一套穩定、誠懇且可長期信賴的公共對話機制；而在聲譽建構方面，則以「重建策略」為核心，發展具有敘事深度的

品牌路徑，結合 SDGs 永續發展目標的全球行動框架、ESG 的治理實踐與社群參與的網絡動能，讓社會能更清楚地認識東海是一所以信仰為根、以行動為證，致力於實踐大學社會責任（USR）的大學。

東海大學品牌的提升，不僅是一場對外的溝通工程，更是一段對內的文化修復與教育初心的回歸之旅。在這條路上，許多行動並不轟烈，卻踏實；不張揚，卻始終真誠。最終，這場從危機中啟動的對話，召喚我們重新思考：一所大學的價值，不只在於排名與聲譽，更在於其能否堅守對教育的信念、對知識的尊重、對社會的承諾。東海大學可以低調，卻不該被遺忘；可以安靜，但始終值得信任。

《風暴思維：從危機管理理論到韌性治理的行動思考策略》這本書歷時近兩年完成，期間全球局勢風雲變幻。當我在日本名古屋寫下最後一章時，正逢唐納·川普（Donald Trump）掀起的關稅戰蔓延全球，供應鏈重組、地緣政治動盪、資訊戰頻仍，信任與市場信心同步崩解。那一刻，我更深刻地體悟到「危機，不是遠方的預言，而是此刻的現實。」也因此將許多章節重新撰寫，才得以完成此著作。

我們需要的，不只是應對災難的工具，而是一份能在混亂中沉著思考的修養。因為危機從不預告，媒體亦難掌控。但若能以誠意為舵、策略為帆，在迷霧中學會優雅迎戰，不逃避、不推諉、不自我否定，即使身陷巨浪，也能駕馭方向。正如海明威所言：「勇氣，是在壓力下仍保持優雅。」Mitroff 提醒我們：「真正的韌性，不是撐住風暴，而是從每一次危機中，慢慢覺察、緩緩修復，逐步淬鍊出來。」

這本書不僅是一部靜態的理論之作，更是一扇思考之窗，幫助我們在生命的裂縫中擁有反脆弱的智慧，讓思維猶如一縷陽光，帶我們走出危機風暴。本書鼓勵每一位領導者、溝通者與實踐者，在動盪中留下承擔的勇氣與足跡，為下一代的組織文化寫下思辨的註腳。願我們在挑戰中沉澱思索，在韌性中種下夢想的種子。危機不該是生命的終章，而是一段嶄新故事的開端。

東海大學管理學院EMBA專任助理教授、公共事務暨校友服務處處長
黃兆璽

目次

風暴回聲｜穿越風暴者的思維迴響　　　　　　　　　　　　03

自序　風暴思維：在壓力下保持優雅　　　　　　　　　　　11

▶ Ch 1　風暴來襲　2025全球危機臨界點　　　　　　　24

　1｜從川普加稅風暴到黃循財的韌性領導　　　　　　　　25

　2｜台積電千億美元赴美設廠：
　　　全球供應鏈與信任結構的重組風暴　　　　　　　　　35

　3｜戒之在貪：從川普的主動危機到蔡明忠的風暴思維　　40

　4｜科技巨頭的對決：
　　　從「戒之在貪」到川普與馬斯克的激烈碰撞　　　　　48

　5｜從主動失控到制度失靈：
　　　新光三越爆炸案與危機節奏的反思　　　　　　　　　55

　6｜危機傳播的進化架構：從網絡化到韌性治理的轉向　　63

▶ Ch 2　危機的三大核心效應　從微小失誤到信任崩解　　70

　　1｜三大效應的背景、內涵與關鍵啟示　　70

　　2｜三大效應的價值：從前端預防到理解溝通斷層　　75

　　3｜三大效應作為危機治理的預警模型：
　　　從前奏走向制度韌性　　81

▶ Ch 3　危機傳播管理理論與傳播策略方針：
　　從風險預測到信任修復　　88

　　1｜風險與危機管理的定義與差異　　89

　　2｜Ian Mitroff 五階段模型——危機全生命週期管理　　110

　　3｜Coombs情境式危機傳播理論（SCCT）　　113

　　4｜Benson情境方法（Situational Approach）與脈絡因應　　121

　　5｜Benoit形象修復理論IRT　　125

　　6｜理論整合與策略選擇——從系統視角看危機應變　　133

▶ **Ch 4** 風險預防機制、應變指揮系統、媒體溝通策略　**142**

　　1｜風險預防機制－前導治理的核心實踐　　142

　　2｜緊急應變指揮系統：有序中見果斷　　144

　　3｜媒體溝通策略：話語權即生存權　　148

　　4｜萬榮國際 × 樂高代理終止事件：從品牌斷裂
　　　　到韌性轉型──玩具產業危機管理實戰案例　　150

▶ **Ch 5** 領導者在路上　從矩陣風險認知到決策行動　**159**

　　1｜危機矩陣的基礎與核心概念　　160

　　2｜危機矩陣的延伸應用與策略決策力　　164

　　3｜危機矩陣與策略情境的整合應用　　166

　　4｜領導者在路上：
　　　　劉金標環島與SCCT在品牌行動中的實踐　　167

Ch 6　名人危機風暴　媒體放大效應下的應對方針　　**173**

1｜從金秀賢危機事件的傳播應對談危機傳播管理理論　　173

2｜三大危機脫困策略與路徑　　175

3｜大眾傳播如何放大危機的影響力？　　176

4｜新聞學視角下的媒體行為預測　　178

5｜數位社群與傳統媒體的共振效應　　178

6｜宣傳技巧的基本概念　　180

7｜危機來臨時的媒體攻防與組織應變機制　　183

8｜危機過後的重生
　　──聲譽修復與媒體信任再建的關鍵策略　　187

9｜主動發布訊息、減少媒體猜測與擴散　　189

Ch 7　讓世界看見　新聞是連結與理解的橋梁　　**196**

1｜新聞是社會理解與信任的橋梁　　196

2｜我堅信新聞不能淪為形式主義的利己工具　　197

3｜新聞稿，是理念的語言化，是責任的書寫起點　　204

4｜新聞是語言建構下的現實
　　──在風暴中培養辨識真相的素養　　216

▶ Ch 8　韌性組織策略　風口浪尖上的台積電　　　**220**

　　1｜台積電的風險管理模式與治理架構　　　221

　　2｜企業韌性實踐與危機後的重生　　　227

　　3｜全球韌性治理的新趨勢：從危機預警到媒體前瞻　　　230

▶ Ch 9　信任的存摺　聲譽修復機制的建立　　　**236**

　　1｜聲譽修復的核心觀念與必要性　　　237

　　2｜危機後的聲譽重建策略與實務操作　　　240

　　3｜建構聲譽修復的制度化機制與操作模組　　　246

▶ Ch 10　從風險到行動
　　　　　危機企劃策略方案的誕生與執行　　　**255**

　　1｜危機管理策略方案
　　　（Crisis Management Strategic Plan, CMSP）　　　255

　　2｜策略報告書的基本結構與撰寫方法　　　259

　　3｜危機企劃書的格式與行動策略範本　　　267

▶ **Ch11　從危機管理中看見永續**　　　　　　　　　　　**274**

　　1｜危機中的永續契機：從應急到長遠的思維轉化　　274

　　2｜危機管理作為永續治理的催化劑　　　　　　　　278

　　3｜從社會信任到企業責任：風險溝通中的永續語言　282

　　4｜危機模擬、回復與教育：永續治理的策略實踐　　285

　　5｜危機是永續的預言者：從反脆弱到未來設計　　　291

▶ **Ch12　危機處理的法律素養**
　　　　發言、責任與制度化防線　　　　　　　　　　**298**

　　1｜危機言語的力量：話語與法律的交界地帶　　　　298

　　2｜道歉的兩面刃：安撫情緒與潛藏風險　　　　　　301

　　3｜誹謗、侮辱與不實資訊　　　　　　　　　　　　304

　　4｜發言人的責任與保護：面對媒體的準備策略　　　307

Chapter 1 | 風暴來襲
2025全球危機臨界點

　　美國國家航空暨太空總署（NASA）的哥倫比亞號（Columbia）太空梭，在2003年2月1日完成太空任務並返回地球大氣層過程中，因隔熱系統損壞而解體，導致機上七名太空人全數罹難，成為NASA歷史上最嚴重的組織危機之一。

　　根據Farjoun與Starbuck的研究，哥倫比亞號太空梭悲劇表面上雖因外部燃料箱的泡沫隔熱材料脫落，撞擊機翼導致熱防護系統破裂而引發災難，但其根本原因實則來自於NASA長期累積的組織結構缺陷與文化問題。研究指出，儘管工程師早已發現異常跡象，組織卻未能建立有效的回應機制，也未在關鍵時刻採取應對行動，導致災難無法避免。此案例清楚揭示，危機往往不只是外部衝擊所致，更深層地根植於個人與組織內部的「組織不作為」和整體失效的「系統性不作為」（Farjoun & Starbuck, 2005）。

　　Farjoun與Starbuck強調，此事件揭露出組織在溝通與決策上的多重盲點在於高層對技術部門的建言反應遲緩、對歷史教訓的忽視、資源配置與決策慣性的延續等，皆加深了風險累積效應。「結構性不作為」則是

指當一個組織因權責設計不當，導致組織文化失去問責與清查的能力，即會深陷階層限制、責任劃分僵化，無法即時辨識與處理潛藏風險，便可能錯過危機處理的黃金時間。（Snook & Connor, 2005）。

與此相對，「結構性不作為」的危機形式，也可與另一類型「主動作為的危機」對比。美國總統唐納・川普（Donald Trump）發動關稅戰爭，其「關稅核爆」策略意圖重塑全球貿易秩序，卻也導致多國經濟動盪與企業供應鏈斷裂。川普並非不作為，反而是以強勢手段主動介入制度。然而，當政治權力過度集中，且缺乏制度性過濾與橫向協調機制時，這種主動作為反而可能演化為「制度型不作為」的變體。在看似積極行動的表象下，掩蓋了決策過程中的粗糙判斷與風險再生。

在高壓與不確定的情境中，組織若缺乏持續性的「意義建構（sensemaking），極容易陷入錯誤解讀與過度反應的危險。災難通常不是因為無人作為，而是因為錯誤行動得不到及時修正。」這樣的偽行動未必缺乏動能，但往往忽略了系統性風險與制度回應的必要，最終導致整體體系的癱瘓與公眾信任的崩解。

1｜從川普加稅風暴到黃循財的韌性領導

「這場『解放日』的關稅行動，不只是政策，更像是一場地震，震央在華盛頓，波及全球。」（BBC中文，2025）

❶政策核爆：川普的「稅改按鈕」反映全球供應鏈的脆弱

　　Farrell與Newman指出，自1989年以來，美國透過建立一套世界秩序的架構，將網路與金融基礎設施作為政治經濟武器，進而控制全球經濟流動。美國總統川普所威脅動用的金融制裁，正是過去二十年間由兩黨政府共同建構的工具（Farrell & Newman, 2025）。美國前總統拜登任內則延續川普在第一任總統任內實施的「外國直接產品規則」（Foreign Direct Product Rule），推動半導體管制；Farrell & Newman 2025年2月曾指出，二度就任美國總統的川普將進一步擴大應用關稅與出口管制，作為震懾敵人與威脅盟友的手段，強化美國對全球科技供應鏈的主導權（Farrell & Newman, 2025）。

　　川普果然於2025年4月2日正式簽署行政命令，對所有進口商品加徵10%基本關稅，並針對「違規嚴重國」如中國、越南、泰國與台灣，祭出最高達54%的懲罰性關稅（BBC 中文，2025）。他更將當天命名為「美國解放日」（Liberation Day），聲稱美國將「透過關稅重新變得富有」。

　　然而，這個政策卻讓全球金融市場如海嘯般崩潰，掀起自疫情以來最嚴重的金融風暴。道瓊指數兩日內大跌3,675點，跌幅達8.75%；S&P 500指數與費城半導體指數也分別蒸發5.38兆美元與超過16%（天下雜誌，2025a）。美股重挫波及亞馬遜、蘋果等科技巨頭，並拖累全球主要市場，台股更於連假後創下單日下跌2,065點的歷史紀錄（天

下雜誌，2025b）。此外，根據BBC報導，美方列出近百國清單，並以"worst offenders"形容中國等國，對其加徵高達34%的新增關稅，加上原有稅率後總稅率達54%。中國政府隨即反制，宣布對美國高科技產品加徵關稅，導致全球供應鏈與國際貿易秩序瞬間失衡（BBC中文，2025）。

❷自由秩序的崩解與危機治理

經濟學者警告，這場風暴或將引發一連串「黑天鵝事件」，甚至重演1930年代的貿易保護主義惡性循環。The Guardian 指出，這是自第二次世界大戰以來，國際貿易秩序所面臨最劇烈的動盪，全球恐再次陷入經濟寒冬（The Guardian, 2025）。在此背景下，Ulmer, Sellnow & Seeger強調：「在現代風險社會中，政策的顛覆性往往比災難本身更具破壞力」（Ulmer, Sellnow & Seeger, 2018）。川普的激進稅改不僅是美國內政操作的延伸，更是對全球治理體系的一次直接衝擊。

這場突如其來的關稅風暴，反映出全球供應鏈的高度依賴與脆弱性。正如塔雷伯（Nassim Taleb）提出的「反脆弱」（Antifragile）概念，國家與企業若欲在不確定中求生，須強化制度彈性、供應鏈多元與策略備援能力。供應鏈是當代全球化的神經網絡。企業藉由外包（Outsourcing）與離岸生產（Offshoring），試圖以最小成本達到最大產能，造就了跨國的製造與勞動體系。然而，如 Crandall、Parnell 與Spillan指出，全球供應鏈的彈性雖足以支撐效率，卻也隱含高度

風險,尤其在政府貿易政策劇烈改變時,供應鏈便成為脆弱的斷點（Crandall et al., 2021）。

原本以「最低成本」為核心邏輯運作的全球供應鏈,在新關稅政策推行下迅速失衡。川普的加稅危機凸顯了這種結構性的脆弱性。企業被迫重新評估製造據點、改寫供應合約,甚至緊急重建與第三方物流商的運輸流程。更深層的問題是,為壓低成本所依賴的「廉價勞動力」,逐漸揭露出現代奴工（modern slavery）現象的冰山一角。

當多數企業為追求成本最小化而將生產轉往東南亞或非洲時,往往難以有效監督次級或三級供應商的勞動條件。企業若一味壓低成本,最終將傷害原本欲幫助的弱勢勞工,並陷入「向下競爭」（race to the bottom）的道德困境。從危機管理的視角來看,這不僅是一場政策風暴,更是一場形象災難與企業社會責任的挑戰。若品牌被揭露與強迫勞動或血汗工廠有關,將面臨聲譽損失與消費者抵制的高風險（Crandall, Parnell & Spillan, 2021）。

❸川普關稅政策的媒體再現與全球經濟話語權的重構

當一國總統的經濟政策被比喻為「ChatGPT寫出來的」,其實不只是一種媒體語言的諷刺,更是一種對決策體系智識基礎的根本質疑。2008年諾貝爾經濟學獎得主克魯曼（Paul Krugman）在內容創作平台Substack發文,以「惡意愚蠢會扼殺世界經濟嗎？」撰文指出,川普政府的關稅政策不僅是「災難」,甚至是一場「惡意的愚蠢」

（malignant stupidity），其關稅演算法過於簡化、忽略服務貿易、僅計算逆差，使得整體政策脫離理性基礎，被形容為「像學生考場亂寫一通的答案」。他批判川普政府使用的USTR關稅公式根本「像ChatGPT給的」，意即看似有理，實則荒謬失衡，缺乏經濟學原則支持（聯合新聞網，2024）。

這種評論在媒體大量轉載的同時，也讓人工智慧（AI）與政治決策之間的關係，進入更廣泛的公共討論空間。這正符合危機傳播理論中「議題放大效應」的原理：一旦公共人物的行為被媒體認定為荒謬、危險或不負責任，就容易引發跨媒體的再詮釋與風暴放大（Coombs, 2015）。從這波報導鏈來看，不僅是經濟政策本身出問題，更是其背後的政治意圖與治理邏輯被揭露、被解構。

根據《聯合報》與天下雜誌的綜合報導指出，早在2020年川普第一次實施類似政策時，國際社會便已質疑其是否只是為了「展示權力」，而非真正基於經濟理性制定政策。克魯曼並不孤單，因為他指出川普這種「震懾敵人與威嚇盟友」的行為邏輯，與Farrell與Newman所提出的「武器化互聯網」與「制裁為外交延伸工具」觀點相互呼應。他們看法一致，美國政府自冷戰後便積極建構以金融與資訊為核心的全球控制秩序，透過關稅、出口管制與制裁，維繫其在全球供應鏈中的支配性地位。

在這樣的結構下，川普的政策與其說是脫序，不如說是既有邏輯的極端化版本。只是，這樣的極端邏輯一旦進入公共討論場域，便會

被學者、媒體與民間輿論強力挑戰，甚至像本次一樣，被比擬為「AI寫作的產物」，成為一場政治話語權的戰爭。這也提醒我們，在AI生成內容日益常態化的今日，媒體與公民社會應更具備「政策敘事辨識力」與「風險語言敏感度」，懂得區分何者是真誠治理，何者是包裝粉飾。當媒體在描述政策時，選擇以「ChatGPT寫的」來形容政府報表時，背後所傳遞的不只是技術懷疑，而是一種對權力失控的焦慮與警告。

最後，這場輿論風暴也為企業與政府部門提供了另一層警訊：在AI語言模型被廣泛使用的當代，越來越多的政治與經濟文本將被以演算法語法審視。如何建立可信、透明、邏輯嚴謹的政策說明機制，如何訓練發言人應對突發的「語意危機」，將是未來治理體系能否贏得信任的關鍵。

❹新加坡的智慧回應：黃循財危機處理的警世預言

與川普的「經濟震央政策」形成強烈對比的是，新加坡總理黃循財於2025年4月3日在國會的公開發言，展現出東南亞小國於巨變浪潮中的韌性智慧。他指出，美國此舉違反WTO原則，將世界推入「互惠關稅、按國分類」的舊秩序，恐使全球再次墜入災難（自由時報，2025）。

黃循財語重心長地說：「這世界正以一種對像新加坡這樣的小型開放經濟體不利的方式改變。」他指出，美國採取的雙邊交易策略將

削弱全球的規則基礎，破壞共同秩序，並警告：「未來幾個月的局勢可能演變成全球性衝突，沒有人能夠預測。」此番言論被多國媒體視為區域穩定的「中流砥柱聲音」。

他進一步強調，新加坡不會採取報復行動，而是選擇提前準備：「我們會保持警覺、強化自身能力、擴展與鄰國的合作關係，並提升心理防衛力。」他提醒國人：「不能掉以輕心，風險是真實存在的」（自由時報，2025）。

❺危機傳播與韌性治理的對照

川普與黃循財代表了兩種截然不同的危機傳播風格。一者高舉民族情緒，採取輸出式、對抗式溝通；另一者則主張預警式溝通、透明公開、合作應變。

在危機傳播的實踐上，川普與黃循財的風格彷彿站在兩個極端：前者著重聲量與對抗，後者則強調制度與韌性。川普在任期間，無論是COVID-19疫情爆發、移民問題或與中國的貿易衝突，他經常以Twitter為主戰場，發布片面、情緒性語言，以激化對立來鞏固基本盤。這類輸出式、單向的危機傳播策略，其特點在於將「領導者」形象塑造成對抗外敵的民族英雄，卻忽略了跨部門協調、事實查證與科學依據。這樣的危機溝通雖然能在短期內製造話題與輿論主導權，但卻削弱制度公信力，讓國際社會對美國政策的連續性與可信度產生疑慮。

與此同時，黃循財的表現可說是危機管理的模範。他強調「預先揭露風險、透明交代過程、並以制度回應信任危機」的三層溝通策略。例如在新加坡應對疫情、通膨與人口轉型等政策議題上，他所展現的是一套系統性的「風險治理機制」。不僅是部門協同、數據公開，更關鍵的是，他在每一次公開發言中，都試圖回應公民的焦慮，而非操弄情緒。他善於將「困境」轉化為「共同的解決任務」，也就是從「危機敘事」轉向「社會任務敘事」。

　　黃循財的語言使用極其謹慎卻不失溫度。他曾公開表示：「我們不可能在每一場風暴來臨前都準備完全，但我們可以訓練好彼此的信任與合作。」這種說法並不試圖掩蓋不確定性，反而讓公眾對制度與團隊產生依賴感。而這正是危機治理中最珍貴卻最難培養的能力，讓人民願意跟你一起面對風暴。

　　進一步而言，黃循財代表的新加坡治理風格，不僅展現在危機時期的回應上，更體現在制度設計的長期韌性之中。他推動「社會韌性對話平台」（Resilience Conversations），讓公民參與重大政策形成；在ESG政策與AI治理上，則以政府－企業－學術三方對話為核心架構，避免資訊黑箱與權責失衡。他甚至將危機治理與教育制度掛鉤，主張從中學階段即導入「風險素養課程」，讓下一代具備資訊判讀、議題辨析與災後復原的能力。

　　總結來看，川普模式是一種「高聲量、低制度」的危機傳播手法；黃循財則走向「低聲量、高信任」的治理模型。前者如煙火，一

時燦爛卻代價高昂；後者如防風林，靜默中為社會築起穩固屏障。這場關於領導者語言風格與制度耐震性的對照，也提醒我們：面對未來的多重風險時代，真正關鍵的不是誰說得最響，而是誰最能持久、最能修復信任，讓社會重新站穩腳步。

依據Coombs提出的情境式危機傳播理論（Situational Crisis Communication Theory, SCCT）觀點延伸，本文認為在責任歸屬模糊的情境中，領導者應採取「預防型回應」（pre-emptive response）、「補強策略」（Bolstering）與「重建型策略」（rebuild strategy），於危機發生前主動揭露、承擔錯誤、修復信任，以爭取支持與緩衝。當我們從Coombs提出的情境式危機傳播理論（SCCT）來檢視領導者面對危機時的策略選擇，黃循財的作為無疑展現了這一理論中「責任歸屬模糊情境」下的最佳實踐典範。

在危機責任尚未明確，或為外部情勢所導致的模糊地帶中，領導者若能及早採取預防型回應（pre-emptive response），不僅能搶得話語先機，更能降低民眾的恐慌與不信任。而重建型策略（rebuild strategy）則強調誠實面對問題、提出補償與改進方案，從而重建組織聲譽與公眾信任。黃循財正是在新加坡面對疫情、經濟轉型、數位治理等多重風險時，展現了這種未雨綢繆、主動回應的領導風格。他多次透過公開談話、數據揭露與預案說明，傳遞政府的誠意與準備，例如在疫情初期即召開跨部門記者會，主動揭示口罩分配與封鎖計畫，同時也坦承政府的挑戰與難題。他的語言中，幾乎聽不到「推責」或

「敵我分化」的詞彙，而是強調「社會共同體」、「信任的累積」與「制度的回應能力」。

相形之下，川普的危機傳播策略在面對新冠疫情、移民爭議乃至選舉結果的挑戰時，傾向採用「否認責任」（denial）與「攻擊對手」（attack the accuser）的策略，屬於防衛性策略（defensive strategies），其風險在於雖然短期內可以凝聚支持者、激發動員情緒，但卻可能造成更大的社會撕裂與信任破壞。以SCCT的角度來看，黃循財選擇的是以信任為核心的危機治理，而川普則是以對抗為主軸的政治動員。前者雖然溫和，但為制度打下穩固基礎；後者雖然猛烈，卻可能使危機擴延為結構性不穩定。

這種對比不僅是兩種危機傳播策略的寫照，更是兩種領導哲學的鏡像，一方深信「透明與信任是一場長期的公民對話」，另一方則認為「危機是權力強化的工具與舞台」。在全球日益動盪的今日，危機處理不只關乎當下的聲量，更關乎未來的穩定與信任的重建。相較之下，川普的危機敘事更偏向「攻擊對手」與「否認責任」的策略，雖短期內可激發群眾動員，但卻為長期制度穩定與國際信任埋下深層風險。

❻從黑天鵝到反脆弱：制度轉型的契機

納西姆・塔雷伯提出「反脆弱」（Antifragile）概念，主張某些系統在面對壓力與不確定性時，不但不會崩潰，反而能在衝擊中成長。黃循財所主張的「心理防衛」、「多邊合作」與「規則秩序維護」，

正體現了反脆弱治理的核心精神。也許,危機亦是轉機,川普的作為,帶給各國強化韌性、反脆弱的機會。這場由加稅引爆的全球震盪,或將推動跨國企業與NGO合作,強化供應鏈人權稽核與永續發展(SDGs)。企業不再能單憑價格主導供應關係,而需建立長期且具倫理標準的夥伴模式。

危機正為各國帶來競爭力的重構,重建韌性的基石。日本已加快能源與晶片的自主布局,歐盟提出「數位韌性倡議」(Digital Resilience Initiative),台灣則積極推動「在地供應鏈結合全球備援體系」的雙軌政策。這些策略不僅是反脆弱的危機應對,更是將衝擊轉化為成長契機的具體展現。

這場政策震央中的雙重典範提醒我們:危機不僅是一場風暴,更是一道分水嶺。制度若僅靠剛性結構面對衝擊,終將破裂;唯有在危機中調適、重塑、強化,方能建立具韌性的「反脆弱系統」,於不確定中重生。

2｜台積電千億美元赴美設廠:全球供應鏈與信任結構的重組風暴

Farrell & Newman 清楚指出,美國正建立一個「地下帝國」(Underground Empire)式的全球控制體系,將網路與金融基礎建設作為地緣政治的戰略工具(Farrell & Newman, 2025)。川普上任短短數

週,便公開提及對台灣半導體徵收關稅,並施壓台積電(TSMC)在美國增設晶圓廠(Farrell & Newman, 2025)。

隨著川普總統「新稅改」與「經濟民族主義」再度興起,全球晶圓代工龍頭台積電,在美方密集的遊說與政策壓力下,由董事長魏哲家親赴白宮,宣布將投資高達1,000億美元於亞利桑那州與其他多州擴建晶圓廠。這項宣布震撼全球市場,對台灣產業界與民間輿論而言,更是一場超越經濟層面的「信任地震」。

❶ 政策風暴中的被動選擇

根據BBC中文網報導,美國政府對台積電的歡迎並非僅出於先進製程的技術價值,更帶有強烈的政治訊號,意圖掌握未來科技供應鏈的產地控制權,以鞏固其在美中科技對抗中的主導地位(BBC中文網,2025)。台積電雖對外表示,此舉是為了回應客戶需求,但實際上卻是面對美國稅制改革與產業保護政策壓力的「被動選擇」。

自COVID-19疫情以來,美國便積極強化國內半導體產能,並傳出希望英特爾與台積電合資或共享製程的計畫。川普在其新稅改法案中,提高外國科技企業在美投資的稅賦門檻,並實施技術移轉審查與「國內製造優先」的產業原則,等同於給予企業兩難選擇:「要嘛在美國設廠,要嘛承受重稅與政治壓力」(The Guardian, 2025)。

❷外部危機壓力四起：台灣的國安、民意與戰略焦慮

此次投資宣告不僅引發股市震盪，更挑動台灣內部深層的不安。根據BBC中文網報導，台灣AI顧問公司iKala（愛卡拉）創辦人程世嘉在BBC中文評論稱這次白宮與台積電的記者會，除了宣布台積電投資美國之外，沒有任何其他確保台海安全的明確承諾，「這是台灣需要特別擔心的地方。」強調台積電與台灣安全命運緊密綁定，若大規模資本與技術移出，將重創台灣半導體聚落的完整性（BBC 中文網，2025）。

台積電過去成功打造以台灣為核心的半導體聚落，包括設備商、材料供應商、研究機構與人才培育體系，構成難以複製的競爭優勢。如今，若核心製程與高端研發部門被迫外移，勢必加劇「去台化」風險，並可能導致人才與資本的長期外流。Baldwin & Freeman早在疫情期間即提出警告，全球供應鏈正進入「去全球化」（de-globalization）階段，企業將轉向在地化生產與政治風險控管，而不再僅以效率作為最高指導原則（Baldwin & Freeman, 2022）。這正是台積電當前所面臨的處境，在經濟理性與地緣政治壓力交織之下，陷入策略重構的雙重賭局。

❸危機傳播策略的關鍵挑戰

在全球高度關注下，台積電面臨的不只是資本布局的技術選擇，

更是組織信任與國家安全敘事的交會點。其危機傳播策略必須同時針對多元利害關係人，有效溝通與協調訊息，包括：

- **美國政府**：傳遞長期投資承諾與技術合作誠意。
- **台灣政府**：安撫政策主體性與國安焦慮。
- **台灣民眾**：釋疑「台積電是否正變成美積電」。
- **全球客戶**：穩定技術信心與供應鏈承諾。

根據情境式危機傳播理論架構（Situational Crisis Communication Theory, SCCT），當危機來自外部壓力，且組織責任相對較低時，建議採取「矯正行動」（corrective action）與「再保證」（reassurance）兩大策略。例如主動說明全球布局規劃、重申對台投資承諾、釋出「人才與研發核心留台」的明確訊息，將有助於穩定情勢與修補信任（2007）。

◆ 危機不只是意外，而是制度挑戰的放大器

這場事件凸顯了企業危機管理的兩個核心層次：

1. **策略層次**：如何在全球政治與產業變局中，做出不失本土優勢的長期決策與布局。
2. **溝通層次**：如何在資訊碎片化、輿論分歧的情境中，建構一致、清晰、具說服力的訊息系統。

Mitroff指出，危機往往不只是單一意外事件的結果，更深層地反映出組織在制度性準備與預警機制上的不足。以台積電為例，若未能

及時且清晰地說明其長期策略,不僅可能引發內部員工與外部投資人的信任疑慮,也可能進一步造成組織形象的崩解,進而波及政府關係與全球市場競爭力。台積電此次的千億投資計畫,不只是企業全球擴張的重大里程碑,更是一場前所未有的「信任試煉」。在地緣政治與產業結構快速變動的當下,這場危機不僅關乎台灣科技業的戰略轉捩點,更是一堂集結危機韌性、國際溝通與領導決斷的實戰演練。

在關鍵時刻,台積電董事長魏哲家展現出少見的從容與高度。他於爭議初起時即召開記者會,明確說明此次投資背後的全球產業需求、布局方向、以及對台灣本土研發與人才的長期承諾。這場溝通不僅展現了高度的領導掌握與決斷力,也成功安撫市場情緒、穩定股價、並獲得多數媒體與民意的肯定。這正是典型危機領導中的「黃金時間窗口」(golden hour),如 Fink(1986)所指出:「危機發生初期的應變速度與準確性,將決定最終的信任能否保全。」魏哲家的作法,使得危機未成風暴,反而轉化為信任累積與品牌價值加分的契機。

這也說明,當組織具備三項關鍵能力:即時回應的決策節奏、策略性媒體傳訊能力、以及對未來風險的預判意識,便有機會在全球動盪中站穩腳步,甚至逆勢突圍。台積電的這場信任應戰,不僅是一堂危機管理的實戰課,更是品牌韌性的經典示範。

3 ｜ 戒之在貪：從川普的主動危機到蔡明忠的風暴思維

　　川普揮舞著激進、對抗（aggressive）的旗幟，力圖以主動出擊破解不公平結構，但也在無形中引爆了更複雜、更頑固的全球連鎖效應。然而，川普所代表的aggressive思維，忽略了危機的細緻分層與持續變化特性。他將一切貿易糾紛視為必須「強攻」的戰場，將所有競爭者視為「必須打敗」的敵人，結果在強硬姿態下，不但沒有修復根本矛盾，反而累積了新的系統性脆弱。

　　川普在全球化進程交織出日益複雜的經濟網絡之時，以激進、對抗（aggressive）手法推動美中關稅戰，撼動全球供應鏈，引發經濟震盪。川普發起的關稅戰，便是這種主動作為危機（proactive crisis）的典型案例。他沒有選擇消極守勢，而是以「核爆級」的關稅手段，試圖迅速重塑全球貿易秩序。

　　川普過度激進、對抗（aggressive）的旗幟之下，產生「超限施壓」為手段的危機管理，表面上是主動掌控，實質上卻放大了無法預測的次級風暴（secondary crises）。風暴被擴大了，信任被侵蝕了，系統性脆弱被加速累積了。初期，川普這種極端施壓策略確實取得了短暫談判優勢，但隨之而來的，卻是供應鏈大規模斷裂、多國經濟同步衰退，市場信心劇烈波動。

　　川普的動作，讓擁有臺灣第二大市值的富邦集團董事長蔡明忠感到憂心，因為接踵而至的國際投資信心下滑，跨國金融企業必須重

新評估風險布局。身兼東海大學管理學院講座教授的蔡明忠，在東海大學《反思經營學》EMBA講座上嚴肅提出：過度激進、侵略、對抗（aggressive），反而可能演變成自毀的行為，而能帶來反向的效果，變成後退的、退化的（regressive）。目前川普所引發的一切，最終可能並無法為美國製造業帶來長期復興，反而使全球經濟進入一個更為動盪不安的複雜局面。

❶ 蔡明忠反思aggressive：從高鐵案到企業經營哲學

蔡明忠反思aggressive（激進、侵略、對抗）這個單字，他不否認自己過去是個很aggressive（激進、侵略、對抗）的人，但現在更明白有時太積極卻無法完成目標，倒是「戒之在貪」的哲學管理觀點讓他很受用。他指出，順境時，決策者總以強勢手段先發制人，雖非不作為，卻因「過度介入」而引發新的裂縫。他舉例說明，職棒「富邦悍將」戰績墊底，是他所不願見到的結果。期間他投入了大量心思參與管理，但戰績卻未見起色，這反而讓他思考自己是否介入太多，因為「管太多」而導致情況變得越來越糟。

川普同樣是政治權力過度集中，以致缺乏制度性過濾與橫向協調，使得他進而強力引爆關稅「核爆」策略，以強勢作為計畫重塑全球貿易秩序。這個激烈的決策，短期內雖如他所願取得談判籌碼，但也帶來了全球市場的動盪。這種「看似積極」的作為，反而演化為一種變相的「制度型不作為」，掩蓋了決策過程中的粗糙判斷與風險再生。

「事常與願違」蔡明忠說，企業領導若將aggressive（激進、對抗）當作制勝利器，便可能誘發「貪婪的危機」。當「主動作為」失衡於「謹慎評估」與「制度過濾」之間，組織便在無形中放大了風險，成為下一次危機的溫床。因此蔡明忠強調：「公司治理為企業發展的基石，積極本是先機，過度就成貪婪；唯有在『戒之在貪』中，在風險的觀念下向前，方能找到穩健的節奏。」

蔡明忠道出了企業經營的智慧，也揭示了危機治理的靈魂：危機如潮，不可逆流而上，更不可一味衝刺，而應審時度勢，順勢而為。領導者若只懂得用力，而不懂得分辨力道，風暴終將到來。

❷回顧台灣高鐵案：一場由aggressive引爆的危機

蔡明忠自台灣大學法律系畢業後遠赴美國攻讀碩士，1981年學成歸國與父親蔡萬才並肩作戰。從成立富邦產險、富邦證券、富邦人壽，到組建富邦金控，再到收購台北銀行、台灣大哥大與香港富邦銀行，他一步步擴展版圖。2003年，蔡明忠親自領軍取得台灣大哥大經營權，跨足電信業；2004年則完成對香港富邦銀行的收購，同時成立富邦媒體科技，打造出今日熟知的momo購物網，成功預見了數位轉型的趨勢。他不僅是台灣金融發展的重要推手，其集團發展藍圖，也成為台灣經濟與企業轉型的縮影。

然而，經營從來不是一條筆直的道路，而是充滿不確定與選擇的交叉口。蔡明忠坦言，自己在1981年接班初期也曾徬徨，然而正是對

風險的謙卑理解與持續反思，才讓富邦從一間保險公司，轉型為橫跨金融、電信與數位平台的跨國集團。

在那條看似平坦無阻、開疆闢土的金融大道上，蔡明忠也曾迎面撞上本土金融風暴，以及台灣高鐵聯貸案這座暗藏的深淵。他坦率回憶：「當年，我們與殷琪攜手，標得高鐵案。表面上，像是贏得一場輝煌的市場競賽；實則，卻在無聲處，種下了巨大的財務風險。」他回憶：「我們太專注於標案本身的勝利，而忽略了金融體系對如此巨額融資的實際承載力。」尤其投標前一年，金融市場表面蓬勃，但這種虛假的繁榮掩蓋了真正的脆弱結構，進一步誘發了危機因子。高達數千億元新台幣的融資案，遠超過當時台灣銀行體系的承載能力，導致貸款結構極度脆弱，富邦也承受了沉重的流動性壓力，面臨了巨大挑戰。

蔡明忠承認，當年投標高鐵案，確實錯估了台灣資本市場的規模，導致團隊承擔高達千億新台幣的籌資壓力。他回憶：「劉泰英那時說我們是小孩騎大車，現在回頭看，我四十歲確實還年輕、涉世未深，有很多該反省的地方。」

❸ 從情境危機管理理論（SCCT）解析高鐵危機

從危機管理的角度來看，台灣高鐵案正是一場由內部過度積極驅動的危機，歸類為內生成危機（Internal Accidental Crisis）。

這場危機體現了三個典型失誤：

1. **目標偏執（Goal Fixation）**：過度聚焦於標案成功，忽視系統性風險。
2. **市場誤判（Market Misjudgment）**：高估自身承受力，低估市場吸納能力。
3. **防禦失靈（Defense Failure）**：缺乏緩衝設計與風險分散機制。

根據SCCT理論，面對這類內生成危機，正確的回應方式應是重建型策略（Rebuild Strategy），誠實認錯、彌補損失、強化未來制度韌性。而蔡明忠，也正是以這樣的反思態度，將危機轉化為重新鍛造組織底層體質的契機。

❹從掃落葉的少年到台灣首富，蔡明忠以帆應風，淬鍊面對危機的思維

「危機從未可測，當命運的風暴驟然襲來，唯有懷著敬畏再度站起，用一顆更加無畏的心，才能編織一張能承載巨浪的網。」蔡明忠選擇以帆應風的低姿態與韌性，面對每一場難以預料的危機，這樣的從容與節制，與美國總統川普那種不斷堆疊對抗籌碼、積極擴大風險的性格截然不同。即便在2025年6月重返台灣首富之位，蔡明忠在東海大學EMBA的課堂上依舊不談榮耀與勝利，而是謙卑誠懇地分享那些從挫敗中淬煉出的省思。他以深深的敬畏看待失敗，告訴世人，真正的力量，不在於征服所有風暴，而是一次又一次在驟雨之中修復自我，持續成長。

經歷台灣高鐵的挫折後,蔡明忠再面臨2007年富邦錯失公益彩券經營權事件。那並不只是一次業務上的失利,而是一夜之間被抽走底氣的警訊,讓他深刻感受到脆弱與無常。他隨後決心進軍運動彩券市場,視其為扭轉頹勢的契機。然而合作架構未臻成熟,與香港馬會的分歧逐步擴大,最終富邦累計虧損逾百億元。他坦言,那是一場失敗的豪賭,也是一門昂貴到無法逃避的課程。

若從Mitroff危機管理理論來看,這正是「信號偵測階段」的經典錯誤:對外部環境與合作風險的判斷失準,使危機在萌芽時無法遏止,終至全面擴散。但蔡明忠並沒有在慘敗裡停滯,他深信「識時識勢,方能致勝」。2009年,壽險市場陷入低迷,無人敢在谷底大舉併購,他卻以48小時果斷決策,用六億美元收購ING安泰人壽。他說:「世事不會盡如人意,山不轉,就讓路轉。」這場併購,不僅為富邦帶來220萬名新保戶,也將市佔率從第四一舉推升至第二,成為台灣壽險史上關鍵的策略轉折(東海大學,2025)。

這些年,富邦集團最讓蔡明忠感到自豪的成就之一,就是富邦momo在疫情期間營收突破千億元,一躍成為台灣最大的電商。富邦並非電商市場的先行者,過去雖錯過PC時代的榮景,但自2014年起,決定積極投入APP與平台數據,陸續於2017年開啟北區物流中心,並於2024年建置南區物流中心,全方位開啟雙物流中心時代,逐步形成短鏈配送、自有車隊、電動三輪車與AI科技調度能力的立體布局。

蔡明忠說:「配送不是以人就物,是以物就人,momo打造台灣

電商第一個佈局衛星倉儲，打造短鏈配送，這些皆是搭建可信賴的網絡基礎。電商不卡貨看似理所當然，但真正關鍵是長期用心投入，解決許多業者忽略後端物流中心的科技，例如備貨預測。」蔡明忠強調，momo經營的靈魂是信賴，程度不亞於台北富邦銀行這樣的金融業（東海大學，2025）。完善的物流建設也讓momo成為值得信賴的電商，在2023年疫情期間營收超過千億，站上高峰成為台灣規模第一的電商。

蔡明忠更分享新台灣大哥大的「Telco+Tech」三階段戰略：先鞏固用戶黏著度與ARPU（每用戶平均營收），再用雲端和AI賦能企業用戶，最後進軍虛擬資產交易與MyCharge等科技新業務。「短期財報不是一切，真正要打造能承擔未來挑戰的體質。」談到台灣電信業者發起的「499吃到飽」價格戰，他認為是掏空產業價值的典型錯誤。「看似用戶暴增，實則價值流失。經營最忌短視，清楚方向與誠信治理才是上策。」（東海大學，2025）

防疫保單事件是蔡明忠「戒之在貪」與「化危機為轉機」的重要經驗。2020年台灣產物首推法定傳染病保單，短期造成旋風但也慘賠出場，且當時國內外都已浮現警訊，但決策團隊未能及時踩煞車。他坦言，身為主帥也沒能掌握狀況當機立斷，最終隨著Omicron爆發和政府的政策變動，導致風險控管機制全面瓦解，最終有超過八成的出險率，理賠金額一路飆升至900億元，創下台灣保險史最大理賠紀錄（東海大學，2025）。「這不是黑天鵝，而是大家看見卻低估的灰犀

牛。」蔡明忠坦承面對防疫險風暴的壓力很大,最終幾乎賠光富邦產險的股本,但他始終提醒自己,最忌諱的就是讓客戶失去信任,無論如何必須承擔起一切的責任。

❺誠信與責任,是蔡明忠面對危機最後的防線

蔡明忠回憶,父親從小就教導的誠信與責任感,是他內心崩潰前最後的防線。「爆發防疫險天價賠償時最擔心什麼?當下確實擔心龐大的理賠金額無法履行。」不過,即使內部曾出現暫停理賠的聲音,但他仍拍板決定,即使賠光一切也要全部履約。

依據SCCT情境式危機溝通理論,這是一場典型的「高責任危機」。理論指出,此時企業必須採取「重建策略(Rebuild)」,誠懇認錯並全面補償。蔡明忠選擇了最艱難的路:不推諉、不辯解、全數履約。依據Benoit形象修復理論,當組織形象嚴重受損,單純的道歉遠遠不足,必須採取「矯正行動(Corrective Action)」。他不僅在媒體前承認未及時踩煞車的錯誤,更用900億元理賠履行承諾,證明誠信不是口號,而是一種需要付出代價的信念。 蔡明忠指出財務虧損可以十年補回,信任失去就沒有第二次機會。「我爸爸常說,可以得罪錢,不可以得罪人。賠光可以再賺,但讓人失去信任,一切終將破滅。」、「有人問我當時最擔心什麼?我擔心無法履約,擔心讓人失望。」、「賠光可以再賺,但如果失去信任,一切終將破滅。」這種承擔態度,除了父訓,也源自他學生時代在東海大學勞作教育的洗

禮，大一期間他曾與同學撿落葉、刷馬桶，覺得苦不堪言，也在那時種下僕人領導的種子。

蔡明忠提醒自己戒慎勿驕，因為危機總在下個轉角等候。從公益彩券的失利，到壽險併購的逆轉，再到電商物流成長與防疫保單風暴事件，這些經驗提醒人們，挫敗並非終點，而是一次次逼你蛻變的起點，若能以敬畏的心，擁抱不確定，也許正能在風暴裡找到重生的航道。蔡明忠面對風暴的思維，正如三大理論的注腳：Coombs 的 SCCT 理論提醒，面對高責任危機，必須用行動補償；Benoit 的形象修復理論說明，誠懇道歉與矯正行動是唯一修復途徑；Mitroff 的危機管理理論證明，危機是生命中一場永不止息的學習。

4｜科技巨頭的對決：從「戒之在貪」到川普與馬斯克的激烈碰撞

蔡明忠的「戒之在貪」提醒我們：真正的危機，往往不是來自外部，而是來自內心過度的膨脹與自信。

當領導者失去對「度」的敏感，將主動與侵略視為萬靈丹，危機便會悄然自內部滋生。這股「失控的主動性」在白宮橢圓辦公室內持續劇烈地爆發，兩位全球最具影響力的 aggressive（激進、侵略、對抗）代表人物即是川普與馬斯克，兩人在高壓場域中持續正面衝撞，將個人性格的激進，轉化為制度層次的風暴。

❶川普與馬斯克：激烈對抗的危機放大效應

2025年4月，白宮橢圓辦公室外，上演了一場震撼政壇的激烈衝突。科技巨頭馬斯克（Elon Musk）與川普政府財政部長貝森特（Scott Bessent）爆發口角，雙方一路從內部爭吵至走廊，聲音之大，連白宮官員都形容為「億萬富翁版的WWE擂台戰」（陳穎芃，2025）。這場戲劇性的衝突，並非偶然。它是兩種過度aggressive性格，在高壓政治場域中互相碰撞的必然產物。也揭開了本節欲探討的核心：當領導者過度主動、過度自信，失去對風險節奏的敏感與尊重，危機，便不再是外來的打擊，而是內部性格的爆裂。正如上一章蔡明忠所提到，順境之中，領導者常常以強勢手段先發制人，意圖掌控未來。然而，這種「過度介入」，若缺乏制度性的過濾與橫向協調，便會悄然演化為另一種「制度型不作為」，即使外表看似積極主動，內裡卻隱藏著判斷粗糙與風險失控的種子。

馬斯克與川普，無論在國際貿易、外交治理，或科技平台的風險管理上，都犯了同一個錯誤：將過度的自信誤認為領導的力量；將過度的主動誤當成戰略的必然。川普發動的關稅戰，是這種激烈主動性的典型展演；而馬斯克與巴西最高法院的衝突、以及此次白宮的怒吼擂台，更是這種性格軌跡的延伸與升級。

❷國際經營下的危機傳播：馬斯克與巴西司法衝突事件解析

在國際經營中，危機應對從來不只是公關與輿論戰，更是一場涉及文化差異、法律體制、風險認知與謙遜智慧的多維博弈。

2024年，Elon Musk與巴西最高法院爆發正面衝突。起因為法院要求其擁有的社群平台X（前Twitter）封鎖多個帳號，這些帳號涉嫌散播假訊息、煽動對民主體制的攻擊。然而，Musk公然拒絕，並在平台上指控最高法院法官Alexandre de Moraes是「獨裁者」，甚至揚言公開巴西政府所有刪帖請求記錄。這場「言論自由 vs. 主權法律」的對抗迅速升溫，最終導致巴西法院下令全面封鎖X平台，並對X處以每日90萬美元的高額罰款與法律制裁（The Times, 2024）。

❸危機傳播分析：三項關鍵失誤

馬斯克在這場危機中，犯下了三大致命失誤：

①高風險姿態誤判（Posture Misjudgment）

根據情境式危機傳播理論（SCCT），在防衛型危機情境（defensive cluster）中，企業應採取低姿態策略，如協商、澄清與適度回應，而非挑釁與對抗。Musk卻在巴西事件中選擇高調挑戰司法權威，不僅升高事件烈度，更讓X平台陷入國際輿論與外交風暴的風口浪尖。

而這種高風險、高對抗的錯誤姿態，如今同樣在他與白宮的衝突中重演。面對美國內部政策協調與行政權威，Musk並未採取理性協商或戰略性妥協的方式，而是再次選擇了激烈對抗與公開挑戰，進一步惡化雙方關係，使原本可以透過溝通修正的分歧，演變成公開對立的政治危機。從巴西到白宮，Musk一而再、再而三地違反了SCCT對防衛型危機情境的應對建議，在需要降低風險、協調節奏的時候，他反而選擇了火上加油、升高對抗。這不僅反映了個人性格上的一貫傾向，也揭示了領導風格與危機治理邏輯的偏誤：將主動進攻誤當成唯一有效策略，將妥協與制度調節誤解為軟弱。

然而，正如蔡明忠「戒之在貪」所提醒的，真正的領導，不在於不斷突破對手防線，而在於適時識變，穩健駕馭局勢，在進與守之間找到有韌性的節奏。Musk忽略了這一點，於是每一次「勝利」的表象之後，實則都是一場信任資本的消耗戰。在危機治理的長期賽局中，這種「持續性錯誤模式」，終將積累成組織韌性崩壞的深層隱患。

②**Musk忽略了科技企業在國際營運中，必須尊重並遵守各國主權法律與文化脈絡**

他以美式言論自由框架，挑戰巴西本地法治文化，激化了國際信任危機。」不只單純停留在巴西事件，而是自然延伸到他現在與白宮的衝突，形成一個連貫的性格脈絡與危機軌跡。

③延誤回應與修正過晚

直到法院下令全面封鎖平台、罰款累積至每日90萬美元後，X才開始設立法律代表、試圖協調。這樣的延誤，不僅錯失了危機處理的黃金時間，更讓全球用戶與投資人對平台的治理信任大打折扣（The Times, 2024）。

這場衝突帶來三個深刻警訊：**1.高風險姿態誤判**：防衛型危機本該低姿態回應，卻因激進而全面升級。**2.忽略文化與法律差異**：單一國家邏輯無法主導全球治理，唯有謙遜與敏感度，方能跨域生存。
3.延誤修正時機：錯失黃金調整窗口，終於釀成信任斷崖。

更值得注意的是，這種延誤與僵持的危機應對模式，也在Musk與白宮衝突中重現。面對白宮內部日益升高的政策協調壓力，Musk並未在初期尋求緩衝與調節，而是持續高張對抗姿態，直到矛盾不可收拾，才開始試圖回補裂痕。這種「過度進攻＋延遲修正」的組合，不僅升高了每一次危機的烈度，也使得外界對其領導下組織的敏捷調整能力產生深刻懷疑。在高頻風險的當代治理環境中，這種模式無異於自我削弱韌性，為未來更多、更嚴重的次生危機埋下伏筆。

從巴西到白宮，從國際舞台到國內政壇，Musk的危機管理失誤，早已超越個別事件，而逐步演變為一種結構性失衡的徵兆。在全球數位平台影響力膨脹的時代，企業不僅是商品與服務的供應者，更是制度秩序的參與者。若無法對不同法律文化體系保持尊重與敏感，而僅

以單一制度邏輯行事,極易陷入「權力傲慢」的深淵,危機從來不只是事件本身,而是你如何回應它,以及制度與文化是否能及時修復引發的裂縫。以智慧與韌性承擔失衡斷裂。馬斯克與巴西政府的對抗,不只是個人領導風格的極端測試,更是全球科技企業在「全球化價值」與「在地治理」間,必須謙卑尋找平衡。

❹風暴過後:從過度自信到韌性思維的轉譯

川普與馬斯克宿命相同:當領導者將激進作為唯一進擊手段,將強攻視為唯一出路時,他們可能在短期贏得掌聲與主導權,但也同步在內部累積了無數隱形裂痕,信任被稀釋,制度被邊緣化,組織韌性被慢慢侵蝕。正如蔡明忠在《反思經營學》所提:「積極本是先機,過度即成貪婪。」一味推進,忽略風險層次與節奏,領導力就會從驅動創新的力量,轉化為引爆危機的引信。

這些案例為全球領導者提供了三大反思:

1. **風險節奏管理的重要性**:領導者不是只為了「動」而動,不是只為了「強」而強。真正的掌舵者,懂得依據風險的節奏調整自己的行動曲線,在適當的時機放緩,在必要時以柔克剛。過度的主動性若失去節奏感,不僅無法化解危機,反而會成為危機的一部分。

2. **制度性謙遜(Institutional Humility)**:無論是企業還是國家,

制度的穩健與治理的謙遜，才是真正支撐長期韌性的基石。領導者必須認識到：「我可以很強，但我不能無視制度的節制功能；我可以很快，但必須在軌道內運行。」當領導者過度壓縮橫向協調、弱化制度濾網時，真正被削弱的，不是別人，而是自己的持久力。

3. 從「攻擊性韌性」到「包容性韌性」：現代危機治理已經不只是防禦與反應，而是預防、協調、恢復、學習的循環過程。真正具有韌性的組織，不是永遠無堅不摧，而是能夠在衝擊中快速調整節奏，在失敗中迅速重建秩序，在全球文化、制度多元中找到共處之道。領導力的考驗，不是誰能更快擊倒對手，而是誰能在風暴之後，依然立於潮頭。

❺ 新時代領導的自省

在這個不確定性螺旋上升的世界，「戒之在貪」不僅是一句經營警語，更是所有身處決策位置者的精神坐標。川普到馬斯克，我們看到過度aggressive策略短期點燃激情，長期卻燃盡信任。從蔡明忠的危機反思，我們學到：在資源最豐沛、權力最集中的時候，才是最需要自我節制與謙卑審度的關鍵時刻。當領導者能夠在順境時自問：「我是否太貪？我是否太急？」當組織能夠在風平浪靜時建立韌性的底層設計，不仰賴某一種單一戰術，而是編織一張可以承載衝擊、轉化衝擊的生命網，那麼，下一場風暴來臨時，他們將不會只剩下攻擊或失

控，而是擁有更多元而穩健的選擇權。

「在世界的風暴之上，真正的勝利，不是打敗誰，而是走得更遠、活得更久。」

5｜從主動失控到制度失靈：新光三越爆炸案與危機節奏的反思

川普與馬斯克的案例告訴我們，當領導者過度高估主動作為的力量，忽視風險節奏與制度過濾，危機往往因此放大為結構性災難。然而，危機的另一種面貌，卻不是過度進攻，而是反向的錯失關鍵時機、組織性遲滯與制度性沉默。

如果說川普與馬斯克代表的是主動作為失控（proactive crisis escalation），那麼，新光三越台中氣爆案，則是組織不作為（structural inaction）與延遲反應（delayed response）所引發的信任崩解經典案例。兩者看似對立，實則互為鏡像：過度出擊會破壞外部穩定，過度遲滯則會自毀內部信任。無論是進攻過猛，還是反應遲緩，本質上都是對危機節奏感知與治理能力的失調，最終都導向組織韌性的崩潰。正是在這樣的理論脈絡下，我們可以理解，為何新光三越的氣爆事件，不僅是一場物理性的爆炸，更是一場制度性預警失效、應變機制

失靈的危機傳播案例。

新光三越台中爆炸案：從SOP失靈到信任崩塌的傳播危機

2025年2月13日，台中新光三越發生嚴重氣爆事件，造成5死、38人輕重傷，成為近年來最重大百貨工安災難之一。台中市消防局鑑定結果顯示為「瓦斯氣爆」，但欣中天然氣公司堅稱早已封管，且事後檢測並無瓦斯洩漏。後續根據TVBS新聞網報導，隨著案情逆轉、檢方介入調查，發現瓦斯總開關未關、感知器遭拆除等重大疏失，欣中天然氣公司恐將面臨究責（TVBS新聞網，2025）。

根據自由時報指出，檢方綜合鑑定與調查所得的新事證，也推翻餘氣引爆一說，關鍵是設置在十二樓的消防設備瓦斯感知器遭拆除，以及該樓層的瓦斯總開關並未關閉，導致瓦斯主幹管及分歧管內充滿大量瓦斯，遇火源才釀成嚴重事故。依調查所得，欣中公司恐難逃卸責任，但是否要負起刑事肇責，將由檢方認定。檢方調查確認爆炸源來自主幹管與分歧管積聚大量瓦斯，並於遇火源時爆炸，為可預防的設施失效事故（自由時報，2025）。這起悲劇不僅引發社會震驚與哀悼，也揭示企業在面對突發公共危機時的管理斷層與溝通空白。

❶ 危機導火線：從異味預警到爆炸發生

根據ETtoday新聞雲報導，多位目擊者表示事發前數日，美食街已有明顯瓦斯異味，甚至有業者曾通報異常卻未獲妥善處理（ETtoday

新聞雲，2025）。爆炸當天，工地僅有簡易施工，並無明火與氣管操作，顯示可能為長時間累積洩漏所致。然而，引發媒體與社會最強烈撻伐的，不是事故本身，而是新光三越於事故發生後「集體失聲」。事故發生初期的數小時內，無任何即時新聞稿、無統一發言窗口，僅由保全與第一線店員面對媒體。即便公司後續發表簡短聲明表示「深感遺憾」，但輿論早已失控，錯失重建信任的黃金時間。

依據SCCT分析，第一時間是最具危機處理應對價值與對時間敏感性的時刻，此時期是建立信任、情緒控制和輿論方向的關鍵期。「黃金時間」意指危機發生後60至90分鐘內，企業能否展現透明度、誠意與回應速度，將直接影響組織信任修復的可能性。新光三越錯失這段關鍵窗口，使得「恐攻」、「管理掩蓋」、「隱匿維修」等謠言迅速擴散，原本可控的場域工安事故瞬間擴大為全國信任危機。民眾在社群留言中直言：「這麼大的公司居然沒聲音」、「第一時間沒有發言窗口太誇張了」。這正說明，危機來臨時，組織若未及時啟動危機溝通機制與SOP，就會讓原有信任在沉默中崩解。

❷失控溝通的風險：組織脆弱性的現形記

直到事故發生近24小時後，新光三越才匆促召開簡短記者會，表示將「負起責任」。然而，對於爆炸原因、應變程序、瓦斯監測與危機處理計畫的說明皆語焉不詳，未能有效回應社會疑慮。雖企業表示已購買公共意外責任險，但保險理賠終究屬於事後補償，對於事前預

警系統、風險監控與組織責任歸屬，始終缺乏清晰交代。

更令人警醒的是，新光三越身為資源雄厚的連鎖百貨企業，卻在此關鍵時刻顯得手足無措。此現象凸顯出許多企業即便營運表現優異，卻常因缺乏跨部門危機整合機制、明確SOP及實戰演練經驗，在突發事件中暴露出高度組織脆弱性。正如Mitroff所言：「危機之所以擴大，往往不是因為意外事件本身，而是因為組織缺乏事前全盤性規劃與協作能力」（Mitroff, 2001）。一旦沒有預備計畫與統一指揮，企業往往陷入「多頭馬車」的混亂局面，導致對外說法失焦、內部指揮鏈斷裂，甚至造成「二次傷害」。

❸ 預警制度與危機SOP才是真正資產

新光三越案帶來的最深層警訊在於：再堅實的品牌、再穩固的市場地位，也可能在一場無預警的災難中瞬間瓦解。因為在社群平台高度即時化的今天，媒體已無法主導訊息節奏，傳播的速度即信任強度的決定因素。

這起事件證明：危機管理不只是「危機處理」，而是對整體制度性反應能力的全面檢驗。若企業缺乏下列基本危機治理能力，則再華麗的品牌形象也會因為一次溝通錯誤而瞬間崩塌：

1. 異常監測與預警回報系統。
2. 現場即時指揮與新聞窗口統一發言。
3. 橫向整合與跨部門協調訓練。

4. 對外透明溝通與社會同理展現。

❹民間的災害，政府更要承擔：從台中市危機應對看治理的誠意與韌性

這句話：「民間的災害，政府更要承擔」，其實道出了危機治理中一個最核心、也最容易被忽略的公民觀點，當社會系統出現失衡時，政府不只是裁判者，更是責任承擔者與信任守護者。這並不是說政府需要為所有錯誤買單，而是指出一個現代治理的倫理起點：政府存在的價值，不只是處理事務，更是維繫公共信任與社會秩序的最後防線。從以下層面來詮釋這句話的深意，並從台中市政府於氣爆事件中的作為，一一加以印證。

◆ 政府是「系統整合者」，不是「事後仲裁人」

當災害發生於民間（如瓦斯氣爆、建築倒塌、群眾事故），第一時間的直覺可能是「責任應由肇事單位承擔」。但對於受害者與社會大眾而言，他們尋求的不是罪魁禍首，而是能讓恐懼停止、混亂回歸秩序的行動者。台中市政府便是在這樣的情境中，展現出高度的危機動員能力與倫理自覺。副市長鄭照新在事故發生後20分鐘內趕抵現場，市長盧秀燕也隨即取消原定行程坐鎮指揮。這並非單純的行政效率，而是一種制度主體意識的展現：「我們不等、我們不看、我們行動」。

政府的跨部門整合與即時應變，正是維持公共安全與社會信任的重要結構。

◆ 當企業沉默，公權力就必須代位發聲

此次事件中，涉事企業未於第一時間出面說明，引發媒體與社會高度關注。若政府也選擇靜觀其變，社會將陷入「信任真空」，民眾對事件的解釋將由情緒與猜測所主導。

鄭照新副市長以一句：「我們會以救災為第一優先，並儘快釐清責任」，精準詮釋了危機語言的倫理：不逃避、不定罪、不卸責。這正是SCCT理論中的「重建策略（rebuild strategy）」。危機發生時先穩定情緒，再逐步釐清責任，保留制度空間也守住輿論風向。政府的主動出面，不僅止於表態，更是對民間沉默的行動補位。危機真正考驗的，是制度能否在不確定中持續運作、學習與更新。Taleb的反脆弱理論（Antifragility）告訴我們，只有能在壓力中學習、改進並升級的系統，才配稱為現代制度。台中市政府此次的應對不僅止於救援層級，更展現了「制度型韌性」的具體落實：

- 透過即時通報系統完成第一時間橫向整合；
- 公開透明的媒體應對，減少不實訊息的蔓延；
- 事後啟動責任釐清與制度檢討，避免危機簡化為表面處理。

這不只是一次突發事故的反應，更是一場對治理文化與制度設計的壓力測試，而台中市政府，交出了一份穩定人心、值得學習的答案卷。

◆ **危機，不只是突發事件，更是價值選擇的鏡子**

從川普、馬斯克的激進失控，到新光三越的組織沉默，再到台中市政府的行動補位，我們看見了同一條隱藏的底線-危機，其實是治理節奏的鏡子。

- 當領導者或組織過度自信、忽視節奏，便易於引爆次級風暴；
- 當組織延遲反應、沉默觀望，信任便會在空白中崩塌；
- 而真正穩健的領導與治理，則是在最短的時間內，把握節奏，展現誠意與行動感。

當我們將此次台中市政府危機應對放入更宏觀的制度情境來看，它不僅是一場「災後反應」，更可視為一次對危機治理文化的現場演練與體制壓力測試。危機管理的核心從來不只是資源調度與人員出勤，更是一種價值的呈現：政府是否選擇直接面對與承擔風險？是否理解社會對「誠信」與「透明」的期待？是否有能力在資訊爆炸與情緒高漲中，引導社會走向建設性而非對立？

此次事件之所以值得肯定，是因為它並未將應對侷限於技術或流程，而是提升至制度信任的層次。Fink的「生命週期模型」理論（Fink, 1986）或許揭示了反應的時效性，但真正決定一場危機是否能「正向轉化」的，卻是回應者是否具備將危機升級為制度韌性的治理格局。鄭照新副市長的快速到場與審慎發言值得肯定，但也不該被過度英雄化，他的發言真正具有意義之處在於，這反映出一套制度正在

學會以「治理速度」對應「風險速度」。

這樣的體系之所以能運作，背後是否已有制度性演練？橫向溝通是否常態化？訊息發布是否已具備框架一致性？這些問題，才是衡量危機應對成熟度的真正指標。值得注意的是市府背後是否已有一套訊息一致性設計（message consistency）與輿情管理的結構，如框架理論（Framing Theory）所言：誰能定義問題的起點與解釋方式，誰就能主導公共論述，這正是多數企業所缺乏的部分。

面對同一事件，新光三越本來在第一時間可以在危機面對中得分，但卻選擇了沉默、等待、觀望。這種「延遲溝通」（delayed communication）的代價不只是品牌受損，更是放棄了主導社會信任的機會。一旦社會焦點轉為「你為何不說？」而非「你是否有錯？」，即使最終釐清責任，也已錯失重建信任的時機。正如Mitroff所言：「危機的關鍵，不在於是否發生，而在於組織是否準備好、誠實地與社會對話。」台中市政府正是以行動補足民間沈默的空隙，讓這場災難不致淪為信任的崩塌點。

◆ 危機不是制度的破口，而是信任的再分配機會

因此，我們可以說：「民間的災害，政府更要承擔」不是情緒勒索，而是一種文明社會對治理的期待。在碎裂的時刻，誰能第一時間站出來，誰就有機會贏得人民的長期信任。危機不是制度的破口，而是信任的再分配機會。政府不需要是完美的英雄，但它必須是誠

實的回應者。唯有將「即時動員、清楚溝通、全面協調」落實為常態，而非突發事件下的臨機反應，政府才有可能真正邁向預防型治理（preventive governance），而不再疲於事後收拾。這不是一場意外的應變，而是一場制度的自我回應與公民信任的再修補。台中市政府給了我們一次值得記取的公部門典範。

危機管理，不只是防禦突發事件，更是對制度體質、行動節奏與價值選擇的終極壓力測試。真正強韌的組織與政府，必須學會：在進與守之間調節節奏，在混亂中掌握秩序的脈動，於風暴中，以理性與誠意重塑信任的航道。正如本章開頭所述，風暴無所不在，領導者與制度的真正考驗，從來都不是在順境中，而是在狂風驟雨之間，仍能堅持聆聽、理解與回應的那份穩定與勇氣。

6｜危機傳播的進化架構：從網絡化到韌性治理的轉向

❶危機的網絡化：多元利害關係人與語境的交錯

在數位網絡社會中，危機已不再是單向線性的災難事件，而是高度複雜的「網絡事件」（networked event），牽動著多元利害關係人與多平台語境。危機的反應者早已超越傳統的企業與媒體，擴及至社群意見領袖（KOLs）、受害者組織、政府機構、律師、公衛專家與政治人物等共構主體。

Ulmer、Sellnow與Seeger（2018）指出：「在現代社會，管理訊息

即是管理危機。」馬斯克（Elon Musk）與巴西最高法院衝突事件，便是一個鮮明的範例。當法院要求封鎖社群平台X（前Twitter）上的假訊息帳號時，馬斯克不僅拒絕合作，還公開指責司法系統，意圖以「言論自由」的大旗挑戰主權法律。此舉在多重網絡場域引爆連鎖反應：

- 支持者在社群平台上強力聲援，將其包裝為對抗極權的英雄；
- 法律與公民社會團體則強烈批判其無視法治與社會責任；
- 國際媒體則交錯鋪陳爭議，放大了事件的多重解讀與情緒催化。

馬斯克本人的社群活躍、粉絲文化的狂熱加持、媒體敘事的戲劇化呈現，使這場本可透過法律溝通冷靜處理的爭議，迅速演變成一場情緒驅動型危機（emotionally-driven crisis），典型地展現了網絡化危機的擴散特性。

因此，危機傳播的作業早已不能再限縮於傳統的新聞稿與記者會，而必須建立一套「一致性訊息矩陣」（message matrix）：針對不同平台（如社群媒體、主流新聞、內部通報、國際聲明）設計層次分明、語調對應的訊息策略。唯有如此，組織方能在多語境、多節奏的網絡生態中，保持邏輯一致性與情緒連續性，避免因片段釋出的訊息而導致受眾認知失調與信任斷裂。

馬斯克事件揭示了一個關鍵教訓：在網絡化的危機場域中，「誰先定義事件意義，誰就掌握敘事主導權」。而失去節奏與一致性的領導者，即便擁有強大平台，也將在風暴中迅速失去話語的重量與信任的支撐。

❷ 從預防到韌性

前瞻式危機傳播策略的價值真正有效的危機管理，不是在災難發生後亡羊補牢，而是在「危機尚未發生」之時，便已完成部署。這種前瞻性的行動，被稱為「預防式危機傳播」（proactive crisis communication）。組織應建立風險通報機制（risk signaling system），讓各部門得以及早偵測潛在危機並啟動回應演練。

以台積電赴美設廠為例，面對美中科技角力與供應鏈重組的政治風險，台積電董事長魏哲家即主動親上火線，召開記者會說明整體布局，並清楚交代對員工、投資人、產業鏈的影響（財訊雙週刊，2025）。此舉不僅有效主導了議題走向，避免了市場情緒失控，也展現出台積電在高度不確定情境下的成熟決斷與危機節奏掌握能力。

相對地，若新光三越能於平日建立危機應變委員會、媒體回應小組與即時通報系統，則不至於在氣爆事件發生時出現發言混亂與訊息真空。一旦企業於第一時間顯現出「零章法」與發言分裂，社會輿論便會立即對其治理能力與組織協調產生深刻質疑，進一步放大信任斷層。

事實上，危機節奏感的缺失，無論是在企業、政治或國際治理場域中，都可能帶來毀滅性後果。川普於美中關稅戰中過度aggressive的推進策略，即是一個典型警示──當領導者未能適時調節行動節奏，將激進行為誤當戰略主導，短期或許能掌握敘事權，但長期卻為全球

市場與外交秩序埋下深層不安與脆弱性。

　　蔡明忠亦於回顧台灣高鐵聯貸案時坦承，當年團隊因過度專注於標案成功而忽略了資本市場的實際承載力，最終陷入流動性危機。這段經驗促使他提出「戒之在貪」的深刻反思——強調在順境中尤須保持警覺、於機會最大時仍須節制，否則輕忽風險節奏，即是自毀韌性的開始。

❸資訊與信任的重建：危機中的關鍵資本

　　危機管理的終極目標，不僅是止損與止血，更是重建公眾信任。受眾對於組織「透明度」與「一致性」的主觀感受，將決定其是否選擇繼續支持或信任該組織。

　　這也意味著，危機傳播早已超越了公關部門的範疇，而是整個組織文化是否具備倫理感與對社會負責任態度的試煉。以新光三越氣爆案為例，初期因遲滯反應與缺乏統一訊息窗口，錯失了重建信任的黃金時間；若能及時展現透明、誠懇與積極負責的姿態，便有機會控制輿論脈絡，減緩信任流失。

　　此外，「同理心」與「價值導向的語言」已成為當代危機傳播中的無形資產。回顧台積電赴美設廠時的記者會策略，魏哲家並未僅以經濟利益論述布局合理性，而是同步照顧到員工情緒、社會關切、投資人信心，展現了領導者的「價值敏感性」（value sensitivity）。這種以誠懇語調串聯事實、以同理心建構敘事節奏的做法，有助於在高度

不確定中穩住多元利害關係人的心理預期，織回信任網絡。

這也再次印證一項核心認知：危機傳播，從來不是單純的災難應對工具，而是一場跨越認知心理學、媒體倫理、社會動力學與組織行為學的複合型實踐。從「快速、準確、一致」的傳統準則，到「預警、共情、整合」的現代韌性思維，危機領導者必須扮演的不只是資訊傳遞者，更是價值的守門人與信任的修復者。真正的治理韌性，不在於危機能否完全避免，而在於當秩序動盪、信任破碎之際，能否以堅定的節奏、透明的語言、誠實的行動，重建一條可以重新航行的信任之路。

中文參考文獻

BBC中文．（2025）。特朗普通過關稅戰核按鈕　所有進口商品加稅10%，中國等「違規嚴重國」稅率更高。BBC新聞中文。https://www.bbc.com/zhongwen/trade-war-2025

BBC中文網．（2025）。台積電赴美千億設廠：台灣「疑美論」再起？BBC中文網。https://www.bbc.com/zhongwen/trad

天下雜誌．（2025a）。血濺成河的美國「解放日」，美股連續暴跌兩天、蒸發5.38兆美元。https://bit.ly/3FUHqqU

天下雜誌．（2025b）。台股創史上最大跌點2065點！連假股、亞股跌多少？ https://www.cw.com.tw/article/5123456

自由時報．（2025）。向國民報告關稅衝擊　新加坡總理黃循財：互惠關稅、按國分類為全球帶來災難。https://news.ltn.com.tw/news/world/breakingnews/5002550

自由時報．（2025）。發現新事證》新光三越氣爆 案情大逆轉 偵測感知器遭拆 瓦斯總開關未關。https://news.ltn.com.tw/news/society/paper/1700716

今周刊．（2025）。台中新光三越氣爆善後與保險處理懶人包：家屬、傷者能申請多少補償金？https://www.businesstoday.com.tw/article/category/183034/post/202502120034/

ETtoday新聞雲．（2025）。台中新光三越氣爆致5死30傷　瓦斯味2天前就聞到。https://www.ettoday.net/news/20250211

TVBS新聞網．（2025）。快訊／案情大逆轉！台中新光三越氣爆5死「新事證現形」。https://news.tvbs.com.tw/local/2833838

陳穎芃（2025）。〈白宮變摔角擂台 不滿人事案 貝森特、馬斯克互嗆〉。《工商時報》。取自 https://ctee.com.tw/

東海大學．（2025）。從掃落葉的東海少年，到聽爸爸的話成為台灣首富：蔡明忠揭父親蔡萬才傳授的致富秘笈 [新聞稿]；

東海大學（2025）。台灣首富最擔心的煩惱曝光！蔡明忠課堂真情告白：信任比900億更難挽回 [新聞稿]。

英文參考文獻

Benoit, W. L. (1995). *Accounts, excuses, and apologies: A theory of image restoration strategies*. State University of New York Press.

Benoit, W. L. (1997). Image repair discourse and crisis communication. *Public Relations Review, 23*(2), 177–186. https://doi.org/10.1016/S0363-8111(97)90023-0

Benoit, W. L., & Brinson, S. L. (1994). AT&T: "Apologies are not enough". *Communication Quarterly, 42*(1), 75–88. https://doi.org/10.1080/01463379409369917

Coombs, W. T. (2007). *Ongoing crisis communication: Planning, managing, and responding* (2nd ed.). Sage Publications.

Coombs, W. T. (2015). The value of communication during a crisis: Insights from strategic communication research. *Business Horizons, 58*(2), 141–148. https://doi.org/10.1016/j.bushor.2014.10.003

Coombs, W. T., & Holladay, S. J. (2002). Helping crisis managers protect reputational assets: Initial tests of the situational crisis communication theory. *Management Communication Quarterly, 16*(2), 165–186. https://doi.org/10.1177/089331802237233

Crandall, W. R., Parnell, J. A., & Spillan, J. E. (2021). *Crisis management: Leading in the new strategy landscape* (4th ed.). Sage Publications.

Crane, A. (2013). Modern slavery as a management practice: Exploring the conditions and capabilities for human exploitation. *Academy of Management Review, 38*(1), 49–69.

Eckes, A. E. (2011). *The United States and the global struggle for minerals*. University of Texas Press.

Farrell, H., & Newman, A. (2023). *Underground Empire: How America Weaponized the World Economy*. Henry Holt and Company.

Fink, S. (1986). *Crisis management: Planning for the inevitable*. AMACOM.

Mitroff, I. I. (2001). *Managing crises before they happen: What every executive needs to know about crisis management*. AMACOM.

Snook, S. A., & Connor, J. (2005). The price of progress: Structurally induced inaction (Harvard Business School Case No. 9-406-014). Boston, MA: Harvard Business School Publishing.Taleb, N. N. (2012). *Antifragile: Things that gain from disorder*. Random House.

The Guardian. (2024, September 15). By showing Musk's X the red card, has Brazil scored a goal for all democracies? *The Guardian*. https://www.theguardian.com/commentisfree/2024/sep/15/by-showing-musks-unruly-x-the-red-card-brazil-has-scored-a-goal-for-all-democracies

The Guardian. (2025, April 5). Trump tariffs come into effect in seismic shift to global trade. *The Guardian*. https://www.theguardian.com/us-news/2025/apr/05/trump-tariffs-come-into-effect-in-seismic-shift-to-global-trade

The Times. (2024, October 9). Brazil lifts ban on Elon Musk's X. *The Times*. https://www.thetimes.co.uk/article/brazil-lifts-ban-on-elon-musks-x-qd6fwvj7n

The Times. (2024). Musk vs. Brazil: Free Speech Clash and Platform Sanctions. Retrieved from https://www.thetimes.co.uk/

Chapter 2 ｜危機的三大核心效應
從微小失誤到信任崩解

　　在高度連結的社群媒體時代，危機往往並非始於重大事故，而是從一個看似無害的細節或溝通瑕疵開始，逐步引爆大規模的輿論風暴，最終導致品牌信任的全面崩解（Coombs, 2015）。本章將以三個核心理論架構，蝴蝶效應（Butterfly Effect）、冰山隱喻（Iceberg Metaphor）與破窗效應（Broken Windows Theory）為分析，深入探討危機如何在數位與AI驅動的傳播環境中快速擴散、深化，並對組織治理、品牌形象與公眾信任造成深遠影響。

1｜三大效應的背景、內涵與關鍵啟示

❶蝴蝶效應與危機傳播的連鎖邏輯：從微失誤到社會風暴的轉化機制

　　蝴蝶效應（Butterfly Effect）源自氣象學家洛倫茲（Lorenz, 1963）所提出的混沌理論，其核心命題為：「一隻蝴蝶在巴西扇動翅膀，可能在德州掀起一場龍捲風。」這一理論揭示出系統中微小初始條件的

變動，可能最終引發劇烈、不可預測的後果。

蝴蝶效應意謂著：任何初期的微小失誤，若未及時處理與回應，將可能透過媒體與社群平台的多層擴散，被放大為組織信任危機乃至制度信賴崩解的重大事件（Coombs, 2007）。尤其在數位時代的網絡結構下，這種放大效果被進一步加速與跨界滲透。

企業若處於高責任歸屬情境（high responsibility attribution situations），應採取「強烈回應策略」（aggressive response strategies），並正視蝴蝶效應在訊息節奏與情緒觸發上的風險。

蝴蝶效應的數位再現，在 #MeToo 運動中獲得了高度具象化的呈現。2017年，美國女演員 Alyssa Milano 在 X 平台（原 Twitter）簡短發文，呼籲所有曾遭性騷擾的女性使用「#MeToo」標籤發聲。這則訊息起初僅為個體經驗的公開，但隨即形成全球性的風暴，橫掃演藝圈、政治領域乃至學術界，引發廣泛揭露與制度改革的巨浪（Lungumbu, 2022）。

此一現象正是**蝴蝶效應**在危機傳播場域中的體現：原非刻意策畫的社會運動起點，卻因長期積壓的公共情緒與結構性壓抑，在「數位共鳴場域」中一觸即發。#MeToo 所產生的漣漪效應不僅喚醒沉默者，也改變了整個傳統權力與性別的話語秩序。在台灣，蝴蝶效應同樣啟動了長期被壓抑的社會反思。2023年至2024年間，從女藝人到文化工作者、從校園助理到出版社編輯，許多女性勇敢揭露自身曾遭性騷擾與權勢壓迫的經歷，並迅速在社群平台擴散，形成本地版的 #MeToo 運動。

無論是企業失誤、個人揭露，還是治理失能，其背後所隱藏的危機，從來都不只是單一錯誤的結果，而是多重風險疊加、延誤應對與忽視風險信號所導致的「系統性癱瘓」。危機往往在於初期「姿態判斷錯誤」（posture misjudgment）與「策略反應延誤」，而非資訊本身。因此，建立預警系統、回應矩陣與社群溝通演練，正是組織避免蝴蝶效應失控的關鍵防線。

❷冰山隱喻：可見事件背後的制度性隱患

　　冰山隱喻（Iceberg Metaphor）強調：危機事件的表象往往僅是整體風險的冰山一角，僅佔整體問題的約10%；而潛藏於水面下的90%，才是真正深層且持續影響組織安全與信任的制度性、文化性問題（Mitroff, 2005）。若組織僅處理事件當下的外部回應，而忽略結構性斷層與管理機制漏洞，將難以有效防堵危機重演。

CASE①星宇航空事件：品牌承諾與實際能力的落差

　　2023年星宇航空面臨嚴重形象危機。由於機組與航班調度失衡，導致逾300名旅客在東京成田機場滯留過夜，並被迫於地面鋪設臨時寢具休息。此事件起初僅為營運人力不足與航班延誤問題，若當時能提供即時溝通、補償與餐飲協助，或許可將影響降至最低；然而，企業未即時展現危機應變機制，導致現場旅客將影片、照片與怨言同步上傳社群平台，引爆輿論怒火（商業周刊，2023a）。

儘管星宇董事長張國煒隨後親赴日本現場道歉，甚至承諾吸收旅客返台機票費用，但部分旅客仍不領情，指責其危機處理「事倍功半」。事件顯示企業雖自許為「精品航空」，但在培訓、臨場指揮、客服SOP與橫向溝通等內部制度面仍明顯不足，品牌承諾與實際服務落差形成「信任破口」（商業周刊，2023b）。

　　Heath 與 O'Hair指出，多數危機之所以擴大，源自「組織內部協調斷層」、「訓練與通報機制失效」與「權責歸屬模糊」，這些正是冰山理論中水面下隱藏的深層脆弱因子（Heath & O'Hair, 2020）。

CASE② 新光三越案：氣爆背後的治理崩解

　　台中新光三越發生嚴重氣爆事件，從表面來看，這似為「單一意外」事件，實則反映一連串潛在管理失衡：事前多次異味警告未妥善處理、瓦斯感知器未安裝、總閥未鎖、現場缺乏專責應變人員，責任分工與承包監督亦嚴重模糊。此事件可謂冰山理論的經典案例：災難的表象浮於水面，制度失靈則如潛冰般持續侵蝕組織根基。

　　Weick 與 Sutcliffe提出，高可靠性組織（High Reliability Organizations, HROs）需持續警覺「細微異常」，方能於危機未爆時啟動補強（Weick & Sutcliffe, 2007）。新光三越案中，恰恰顯示企業缺乏風險預警文化與跨部門協同治理體系，是冰山下最致命的破口。

　　冰山隱喻不僅是一種視覺比喻，更是危機治理結構的剖析工具，其強調企業應：

- 建立跨部門風險通報系統。
- 定期進行情境模擬演練。
- 明確劃分權責歸屬。
- 發展預警與監測機制。
- 養成「懷疑式經營文化」以偵測初期異常（Weick & Sutcliffe, 2007）。

透過這樣的制度設計，才能真正看見「水面下的90%」，使組織具備韌性，不再僅依賴事後補救或董事長親上火線的「英雄式危機管理」。

❸破窗效應：細節失控，信任瓦解

破窗效應（Broken Windows Theory）由 Kelling 與 Wilson 提出，原用以解釋社區治安與小規模失序行為之間的連鎖關係。他們說：「若一扇破窗長期未修補，將傳遞出無人管理的訊號，進而助長更多破壞行為與犯罪事件的發生。」（Kelling & Wilson, 1982）。延伸至組織危機管理場域，破窗效應象徵一種「象徵性錯誤放大」（symbolic amplification）現象，即使是極為細微的失誤，若未在第一時間修補與回應，也可能成為信任瓦解的起點。

一個未即時補救的小失誤，可能瞬間引發品牌崩塌的信任危機。在資訊透明、公眾情緒瞬變的時代，企業與學校唯有落實制度韌性、培養危機敏感度，並內化誠意溝通的文化，才能在危機來襲時從容應

對。危機不再只是「出事後補救」,而是「平口中養成」的治理哲學。唯有如此,才能真正建立韌性組織,穿越風暴、重塑口碑。

公開發言中的口誤與記憶問題:一小句錯話,被投射為整體領導穩定性的警訊。

美國前總統拜登在公開發言中的口誤與記憶問題拜登年齡與記憶狀況長期被對手與媒體質疑。每一次公開的口誤、小型記憶混淆,如稱副總統為總統、誤將烏克蘭說成伊朗等,雖屬非實質性政策錯誤,但在政治語境中,被視為「破窗」,引發關於其認知能力與領導續航力的集體焦慮。2024年一次公開演說中,拜登在念稿時說出提示語「end of quote, repeat the line」,引來批評聲浪與模仿熱潮,儘管白宮事後澄清為讀稿器誤會,仍無法止血(CNN, 2024)。

2｜三大效應的價值:從前端預防到理解溝通斷層

「風險預防」與「組織韌性」是危機管理最重視的部分,如何在危機萌芽階段即掌握先機、止於微處,更成為管理者與溝通者的核心挑戰。蝴蝶效應(Butterfly Effect)、冰山隱喻(Iceberg Metaphor)與破窗效應(Broken Windows Theory)三者並非僅為理論觀念,而是企業可用以設計預警系統、理解群眾情緒、強化組織溝通敏感度的「行動地圖」。

❶從好意到反噬：初衷為何常被誤解？

危機往往不是出於惡意，而是「善意失效」的結果。許多組織在面對突發事件時，初衷良善、決策迅速，卻因為訊息傳遞不當與民眾期待錯位，最終導致形象受損甚至引爆信任危機。這正說明，危機並非單純的事實錯誤，更是「感知斷裂」的總和。

以東海大學處理COVID-19宿舍政策為例，校方本意在於保護染疫學生並避免社區擴散，決定保留部分宿舍房間供確診學生留宿。但因學生認為資訊公告不清、執行流程不一致，最終引發非確診學生強烈反彈與社群輿論爆發。原為照顧弱勢的政策，卻被誤解為管理失能與冷血決策，成為破窗效應的經典案例。此案例強調：「訊息本身不是重點，重點是大眾如何接收與詮釋訊息。」若組織未能掌握公眾的情緒接受曲線（emotional receptivity curve），再正確的政策也可能被曲解為傲慢與冷漠。

❷三大效應的交織：系統性理解與行動依據

①蝴蝶效應：失控往往從邊陲開始

蝴蝶效應讓人理解危機擴散的路徑。企業經營中，最具爆炸力的往往不是大錯，而是一則被忽略的留言、一位未被安撫的顧客、一場不透明的延誤。這些看似微不足道的小事，若未及時反應，便可能成為社群媒體上的「風暴引信」。

從一聲低語到全民震盪的MeToo浪潮

蝴蝶效應（Butterfly Effect）提醒我們：最具破壞力的風暴，往往源於看似微不足道的震動。在社會運動與性別正義的脈絡下，#MeToo運動正是如此，它不是從權力核心爆發，而是從一則推文、一段沉默的回憶、一個被壓抑的聲音開始，引發全球對性別暴力的覺醒與制度反省。

Alyssa Milano 在社群平台發出#MeToo的呼籲，希望讓性騷擾受害者站出來，說出自己的故事。這個呼籲猶如蝴蝶輕拍翅膀，從社群媒體飛入公領域，迅速擴及演藝圈、政界與學術場域，形成一場無遠弗屆的道德風暴（Lungumbu, 2022）。

在亞洲，韓國與日本都曾經歷類似的社會動能，台灣的黃子佼事件更成為「台版#MeToo」的深層震央。一如蝴蝶效應所揭示，一個微小行為可能在遙遠之處掀起風暴。黃子佼長年隱匿於私密論壇的行徑，最終成為撼動台灣演藝圈與社會價值觀的連鎖引爆點。根據司法院發布的新聞稿，黃自 2014 年起即於「創意私房」論壇註冊會員，陸續購買並持有多達 2,259 部含有兒童及少年性影像的檔案。儘管《兒童及少年性剝削防制條例》於 2023 年修正後已明定持有即屬犯罪，黃子佼仍持續無故保存，最終遭判刑與公布（司法院，2024）。

②冰山隱喻：危機是管理體系的顯影劑

冰山理論提醒我們，表層的延誤、資訊失靈、情緒抗議，只是整體體制裂痕的投影。星宇航空成田滯留事件，便凸顯冰山底部的三大結構問題：跨部門協調失靈、第一線客服未訓練、資訊更新機制不健全。即便張國煒親自赴日、誠意致歉，也無法阻止「品牌形象裂解」的印象蔓延（商業周刊，2023a）。

Mitroff指出，真正的危機往往源於「長期未處理的慢性問題」，而非單一事件（Mitroff, 2005）。企業若僅止於善後補救，卻不針對SOP、跨部門連結、訓練制度進行改革，等同將危機視為偶發而非警訊。

③破窗效應：象徵性失誤遠比事實嚴重

Kelling與Wilson提出的破窗效應強調：「忽視小錯，即為鼓勵大錯。」在群眾眼中，細節就是誠意的表徵。星宇成田事件中的問題，不只是航班延誤，而是：旅客無法獲知進度、地勤無人回應、補償說不清楚。每一個微小的失誤都是一扇未補的「破窗」，最終形成象徵式的不信任感（商業周刊，2023b）。台中新光三越瓦斯氣爆案亦如是。早在爆炸前已有民眾通報異味，但因未被處理與應對說明混亂，使輿論將責任全歸咎於商場管理鬆散，甚至形成長期信任陰影。

❸系統思維與人性洞察：從感知出發的危機回應

上述三大效應揭示了兩個超越策略層面的本質思維：

1. **系統思維（Systems Thinking）**：危機不是單點事件，而是系統張力的爆發點。Meadows強調，要從「制度」、「文化」、「連結」的縱橫向度，洞察表象背後的結構斷裂。例如，若旅客服務部門回應不及，可能不只是客服人員訓練不足，而是內部流程未整合、資訊未能即時回報。
2. **人性洞察（Human Insight）**：群眾不只想知道「發生什麼事」，更在乎「你怎麼對待我」。Benoit提出形象修復理論時即強調，「誠意態度」遠勝過「技術說明」。當公眾感受到企業的關心、陪伴與擔當，即便事實不完美，也會願意給予信任的寬容。

❹為理論實踐奠基：三大效應是後續策略的地基

若企業在危機爆發後才思考如何修復形象，常常為時已晚。三大效應提供的，不只是事後分析工具，更是事前設計預警系統與溝通策略的根基。理解蝴蝶效應，才能在第一則負評出現時就出手回應；掌握冰山隱喻，才知系統漏洞需日常修補；體悟破窗效應，才能從細節中強化信任的基石。

Coombs所提出的情境式危機傳播理論（SCCT）與Benoit的形象修

復策略,都建築在這三種基礎理解之上。若不掌握三大效應提供的風險感知地圖,策略模式就可能流於應急手段,無法回應公眾心理的根本焦慮。

❺打造制度韌性與象徵溫度的雙重防線

當今社會的危機管理不再只是「事後滅火」,而是「事前細察、日常治理」的整體工程。蝴蝶效應提醒我們觀察微末;冰山隱喻要求我們直視深層;破窗效應則鞭策我們回應象徵。唯有制度韌性與人性敏感並重,組織才能從容應對風暴、維繫信任與口碑。若企業能及早設立危機回應小組,第一時間啟動SOP並公開誠摯回應,或許能避免從制度錯誤演變為信任災難。

❻三效應交織的實戰啟示:從事件到系統的治理再省思

三大效應的不同面向,更共同驗證了以下危機傳播的策略核心:

1. **早期回應力決定風暴規模**:蝴蝶效應說明,一則訊息的落差即可成為引爆點,組織須強化第一時間的感知雷達與社群回應節奏。
2. **韌性治理是信任防線**:冰山隱喻揭示的不是單點錯誤,而是治理體系的韌性與預警能力;無預防設計,再多補救也只是止血。
3. **象徵錯誤最具毀滅性**:破窗效應讓我們看見,誠意若缺席、態度若冷漠,即便技術沒錯,也會形象潰堤。

正如Coombs所言:「危機的本質是被如何認知,而非客觀的事件本身。」這也提醒我們:危機管理不是事後的技術操作,而是日常制度與象徵溝通的總和。

3｜三大效應作為危機治理的預警模型:從前奏走向制度韌性

危機之所以可怕,不在於它來得突然,而在於它其實早已發出信號,只是無人回應。蝴蝶效應、冰山隱喻與破窗效應三者交織出的,不僅是一個危機的誕生軌跡,更是一種組織「選擇性失明」的沉痛寫照。

在這個充滿回音室與情緒疊加的時代,危機的發生不是「是否」,而是「何時」。本節將這三大效應升格為一套「危機前奏整合預警模型」,不僅解釋危機如何成形,更試圖回答,能否及早看見?是否有勇氣改革?

❶危機前奏模型的三重軸線

當代危機的形成,不再是單點故障,而是「多軸疊合」的結構性崩解。經整理,可將三大效應建構為以下三軸警訊架構:

第一軸：情緒起伏軸（Emotion Axis）◆ 蝴蝶效應

代表民眾情緒從無感→焦躁→失控的過程。任何小事件都有可能因網路迴響而激化，形成「情緒共振效應」；組織若未即時掌握輿情節奏，即陷入爆雷前的靜默風暴（Coombs, 2007）。

第二軸：制度承壓軸（Structural Axis）◆ 冰山隱喻

顯示制度從日常隱性錯誤到無法承載突發事件的臨界點。此軸檢視的是：是否有跨部門協作？是否有資訊即時更新機制？是否存在責任落點不明的灰區（Mitroff, 2005）？

第三軸：信任崩解軸（Perception Axis）◆ 破窗效應

顯示組織象徵層面是否出現裂縫：一個未回應的留言、一段失言影片、一次空洞的道歉，都足以讓公眾貼上「無能」、「傲慢」等標籤，進而形成結構性信任斷裂（Kelling & Wilson, 1982）。

這三軸一旦同步拉高，即為危機的「爆點交集」。無論公部門或企業，只要忽視任一軸，都會付出代價。

❷危機治理的關鍵轉向

若說三大效應是危機的預兆,那麼它們同時也是危機治理思維的翻轉力量。以下五個關鍵轉向,是現代組織面對高壓社會下,必須完成的治理升級:

①從「搶救聲譽」轉向「建構韌性」

危機處理不應再以「補破網」為目標,而應打造制度的抗震結構。Boin et al.（2016）主張韌性組織須能自我學習、自我修正、自我恢復,才能真正渡過風暴。

②從「冷冰應對」轉向「情緒同步」

危機初期的最大傷害,不是錯誤本身,而是無感的態度。危機應變需展現真誠,並與民眾情緒同步回應,這是破窗效應的警鐘,也是信任的試金石（Benoit, 1995）。

③從「碎片式回應」轉向「整合式治理」

危機不是由單一部門獨立應對,而是牽涉橫向連動與縱向溝通。組織需從上至下建立清晰決策流程與回應SOP,才能補強冰山下的裂縫。

④從「事後備戰」轉向「事前警覺」

　　許多危機早有蛛絲馬跡，民怨、投訴、現場回報，只是沒有系統性資料整合與預警機制。蝴蝶效應提醒我們：監測微訊號，不是奢侈，而是基本。

⑤從「形象修復」轉向「文化重塑」

　　危機不是形象的破損，而是文化的鏡像。如果組織文化中缺乏責任、透明與對人的尊重，那麼再多的危機公關，也只是暫時性止血。

❸制度韌性的試煉：三效應背後的政治與倫理維度

　　值得警惕的是，三大效應所揭示的，不僅是技術治理問題，更觸及組織深層的倫理與政治張力。當冰山下的問題牽涉既得利益集團、當破窗涉及高層卸責、當蝴蝶的振翅來自基層員工的絕望怒吼，這些都不再只是危機管理者的事，而是組織價值觀的考驗。

　　危機處理若無對權力結構與文化內部的反省，永遠只是表面功夫；真正能讓組織不再陷入風暴的，是敢於改革的人，而不是善於滅火的人。這也引出本文的核心：三大效應不只預測危機，更召喚改革。

❹重建信任的臨界行動：三效應下的策略地圖

為實現上述思維轉向，可依三效應建構以下關鍵行動，協助組織在危機前奏中搶得主動：

危機三大效應與關鍵行動對應表

效應類型	預警訊號	關鍵行動	成功指標
蝴蝶效應	社群情緒波動、留言數激增	建立輿情雷達、設即時監測回應團隊	回應速度≦2小時
冰山隱喻	資訊斷鏈、跨部門矛盾、流程空轉	橫向盤點流程、啟動內部反思工作坊	完整修復SOP並測試
破窗效應	回應冷漠、發言失當、形象對立	啟動高層誠意溝通、展開象徵行動（如道歉、補償）	輿情正面轉向比例提升

危機的前奏，從來都不是靜默

危機從來都不是靜默降臨，學校的師生霸凌事件、演藝圈的緋聞、政治的醜聞，都是從破窗等三大效應醞釀而來，並且以你不願傾聽的頻率，悄悄奏響。我們所看見蝴蝶的振翅、望見冰山的裂縫、聽見窗戶的碎聲，這些微弱影像與聲音，若無人回應，就會匯聚成你我無法承受的雷電。

中文參考文獻

BBC中文.（2022）。#MeToo五週年：究竟改變了什麼？ BBC中文。https://www.bbc.com/zhongwen/trad/world-63256653

中央通訊社.（2022）。東海大學防疫宿舍爭議報導。https://www.cna.com.tw

司法院.（2024）。臺灣臺北地方法院113年度曠易字第1號被告黃子交違反兒童及少年性剝削防制條例案件新聞稿。https://www.judicial.gov.tw

商業周刊.（2023）。星宇出包，張國煒搭廉航親自赴日滅火！這個危機處理拿幾分？ https://www.businessweekly.com.tw

商業周刊.（2023）。張國煒親赴日，能挽救星宇航空形象嗎？ https://www.businessweekly.com.tw

商業周刊.（2023）。星宇航空、張國煒的危機處理，還有哪些地方需要加強？ https://www.businessweekly.com.tw

ETtoday新聞雲.（2025）。台中新光三越氣爆原因調查報告。https://www.ettoday.net

風傳媒.（2023）。MeToo是什麼意思？如何定義性騷擾？自保方法、3大申訴管道一文看懂。https://www.storm.mg/lifestyle/4809274

英文參考文獻

Benoit, W. L. (1995). *Accounts, excuses, and apologies: A theory of image restoration strategies*. State University of New York Press.

Coombs, W. T. (2007). *Ongoing crisis communication: Planning, managing, and responding* (2nd ed.). Sage Publications.

Coombs, W. T. (2015). The value of communication during a crisis: Insights from strategic communication research. *Business Horizons, 58*(2), 141-148. https://doi.org/10.1016/j.bushor.2014.10.003

Granovetter, M. (1978). Threshold models of collective behavior. *American Journal of Sociology, 83*(6), 1420-1443. https://doi.org/10.1086/226707

Heath, R. L., & O'Hair, H. D. (Eds.). (2020). *The handbook of crisis communication*. Wiley-Blackwell.

Kelling, G. L., & Wilson, J. Q. (1982). Broken windows: The police and neighborhood safety. *The Atlantic, 249*(3), 29-38.

Lorenz, E. N. (1963). Deterministic nonperiodic flow. *Journal of the Atmospheric Sciences, 20*(2), 130-141. https://doi.org/10.1175/1520-0469(1963)020<0130:DNF>2.0.CO;2

Lungumbu, S. (2022, October 15). What has the MeToo movement achieved five years on? *BBC International*.

Meadows, D. H. (2008). *Thinking in systems: A primer*. Chelsea Green Publishing.

Mitroff, I. I. (2005). *Why some companies emerge stronger and better from a crisis: 7 essential lessons for surviving disaster*. AMACOM.

Ulmer, R. R., Sellnow, T. L., & Seeger, M. W. (2018). *Effective crisis communication: Moving from crisis to opportunity* (4th ed.). Sage Publications.

Chapter 3 ｜ 危機傳播管理理論與傳播策略方針：從風險預測到信任修復

2022年，富邦產險因推出防疫保單，在COVID-19疫情政策快速變化與理賠潮壓力下，面臨前所未有的財務危機，最終損失金額超過新台幣1,366億元，成為台灣保險業史上最嚴重的事件之一。富邦集團董事長蔡明忠於公開場合中坦言：「我們沒有做好風險控管，對不起爸爸。」（CTWANT, 2022），此言一出，引發社會與產業界高度關注，顯示即便是大型企業，若忽略風險評估與預警系統，亦可能陷入巨大危機。

蔡明忠的發言凸顯兩個重要問題：第一，風險（Risk）是否可以預測與控制？第二，危機（Crisis）是否是風險累積後的結果？因此，在進入危機管理理論與策略探討前，首要工作即是釐清風險與危機的本質區別與理論背景。這不僅是學術研究中的基本概念，更是實務上制定預防與應變機制的根本依據。

1｜風險與危機管理的定義與差異

❶ 風險的定義與特徵

風險是一種對未來潛在威脅的理性估計與機率推論。Kaplan與Garrick認為，風險應以三個構成要素分析：

1. 發生的可能性（Probability）
2. 後果的嚴重性（Consequence）
3. 不確定性（Uncertainty）（Kaplan & Garrick, 1981）

換言之，風險是一種尚未發生、可被預測、可採取預防措施的潛在事件。

它不是單一數字的推算，而是一種多層次、多情境的系統性思考。風險管理的核心在於：及早辨識、量化與規劃控制手段。以企業而言，風險管理可藉由制度性內控、外部稽核與政策預警機制進行有效調節。例如，一家航空公司可預先建立氣象監測系統、制定替代航線規劃、預演航班取消程序，便是典型的風險管理行為。

然而，風險思維的真正挑戰，不只是系統建置，更在於領導者是否擁有對不確定性保持敏感並能預留韌性空間的心態。正如蔡明忠董事長在回顧台灣高鐵聯貸案與富邦集團風險治理歷程時所言：「最危險的，不是眼前的問題，而是順境之中對風險的輕忽。」

他曾坦承，當年標得高鐵案時，因過度專注於勝利與成長，而低估了台灣資本市場的承載力，最終導致流動性壓力暴露。這段痛苦經驗促使他提出「戒之在貪」的領導哲學：越在順境、越在上升期，越要謙卑面對風險，越要刻意為組織留出緩衝與修正的空間。這種思維與Kaplan & Garrick對風險結構的定義不謀而合：風險不是避免災難的保證，而是對潛在變數保持持續警覺的能力。風險管理若只是流於形式，只停留在SOP文件或危機手冊，卻缺乏真正的預警系統與情境演練，那麼在風暴來臨時，這些制度反而會成為紙上空談。

　　新光三越爆炸案即是一個風險案例：儘管公司在形式上具備一定的安全規範，但缺乏系統性異常監測、現場即時通報與跨部門整合機制。當災難降臨時，組織缺乏韌性調節能力，導致資訊真空與輿論風暴同步擴大。相對地，台積電在面對赴美設廠過程中，則展現了高度的風險預測與應變節奏：不僅持續監測國際政治經濟變局，並主動透過記者會、投資人說明會釋出穩定訊息，有效降低外部市場與內部員工的不安情緒。這種「持續感知—主動節奏—預留緩衝」的風險治理模式，正是現代高韌性組織必須具備的核心素養。

　　風險不等於危機。風險是警鐘未響之時的預備，是如影隨形的陰影；唯有願意正視、且持續校準感知的組織與領導者，才能在未來的風暴中，不僅倖存，更能優雅而堅定地穿越。太貪、太急、太過用力，風險便悄然變身為危機。能在順境時節制，在得意時保持清醒，才是真正的領導之道。

風險思維,不只是防禦,更是一場通往長遠穩健與制度韌性的深層修練。

❷危機的定義與本質

相對於風險的理性預測,「危機」則是一種突發性、破壞性、具時效壓力的事件。根據Fink的觀點,危機常具有以下特徵:發生迅速、衝擊巨大、影響多方利害關係人、並對組織核心價值或生存基礎造成威脅(Fink, 1986)。

危機一詞來自希臘文「krisis」,意指「抉擇的時刻」(critical decision-making point),在現代管理語境中,危機不僅是事件本身,更關乎人們的知覺、情緒與信任的動搖(Mitroff & Anagnos, 2001)。它是一種突如其來的破口,也是一種對制度底線的深刻拷問。

Coombs則從組織傳播角度指出,危機的三大構成因素包括:

1. **突然性(Suddenness):危機往往毫無預警,超越常規應對速度。**
2. **不確定性(Uncertainty):在資訊不完整的情境下,錯誤決策的風險急遽升高。**
3. **嚴重性(Threat to high-priority goals):一旦核心目標(如生命安全、品牌信任、國家安全)遭受威脅,組織存續本身即陷**

入危機。

　　危機之所以令人恐懼，是因為它同時影響「事實層面」與「感知層面」：

　　它是一場客觀災難，也是一面主觀恐慌的鏡子（Weick & Sutcliffe, 2007），正是這種雙重特性，使得危機管理必須同時面對實體風險的控制與認知風險的修復。

　　以川普的關稅戰為例，政策本身帶來了經濟結構層面的直接衝擊，但更深遠的，是全球供應鏈對政策不確定性的「感知恐慌」，這種恐慌進一步加速了資金外移、產業重組與地緣風險擴大。

　　同樣地，在新光三越台中氣爆案中，爆炸本身是物理性的悲劇，但真正擴大危機的，卻是組織在黃金時間內的「失語」，社會在資訊真空中自動生成的恐懼、猜疑與不信任，將單一事件迅速放大為制度層次的質疑。危機是一種感知。我們通常認為的危機，是指那些可能嚴重損害組織績效、並導致負面後果的極端事件（Coombs, 2007）。因此，現代危機管理的真正挑戰，不僅是應對事發當下的破壞力，更是如何在資訊高速流動與情緒高度放大的網絡時代，以迅速、透明、一致的節奏，重新編織事實與信任的雙重網絡。

　　危機，終究是人類集體認知與制度韌性的壓力測試。在風暴來臨時，真正堅韌的，不只是鋼鐵與石材的強度，而是信任、透明與行動節奏的協奏。

❸風險、問題與危機的連續性與界線

風險並非總會升級為危機,唯有當風險遭到忽視或控制失當,才可能演變為嚴重危機。Coombs提出風險問題與危機的演進模型指出:

◆ **風險(Risk)**:潛在的、不確定的未來事件,可透過監控與規劃加以處理。

◆ **問題(Issue)**:已獲得媒體或公眾注意的負面狀況,若不及時解決,將升高為危機。

◆ **危機(Crisis)**:已發生且對組織聲譽或生存造成威脅,需即時處理的緊急狀況。

這套模型協助我們釐清策略應變的時機點。管理者應在問題階段就介入,避免其升級為難以控制的危機,這也正是「黃金時間理論」強調的核心意涵(Palenchar & Heath, 2007)。

❹風險與危機的理論發展與學者觀點

風險與危機並非僅是語言中的名詞對照,更是管理思維與社會反應的深層映照。隨著現代社會邁入高度互聯的不確定時代,風險與危機管理理論也從工業時代的量化模式,逐漸走向系統性、認知性與傳播導向的整合進程。

早在1981年,Kaplan與Garrick便提出風險的經典三要素:機率(Probability)、後果(Consequence)與不確定性(Uncertainty),奠

定現代風險分析的量化根基（Kaplan & Garrick, 1981）。這種模式強調風險作為一種「尚未發生但可預測」的事件，透過數據模擬與情境推演進行控管，廣泛應用於工程、保險與安全領域。

然而，危機並非僅是風險的升級版。Mitroff與Anagnos指出，危機本質上是一種系統失靈的外顯結果，它反映了組織文化、制度斷層與預警失能的多重交錯（Mitroff & Anagnos, 2001）。Fink（1986）亦提出危機生命週期模型，將危機劃分為潛伏期、引爆期、急性期、慢性期與解決期五個階段，協助管理者辨識危機發展脈絡。Weick與Sutcliffe更進一步提出「正念管理」（Mindful Organizing）概念，認為高可靠性組織能透過持續關注異常訊號與即時反應，將潛在危機控制在萌芽階段。他們主張，真正的韌性不是災後復原，而是災前警覺。

進入資訊過載與社群媒體時代，危機已不只是事件，更是認知與語言的戰場。Coombs所提出的情境式危機傳播理論（SCCT）強調，組織的回應策略應依危機來源（內部 vs. 外部）與責任歸屬程度做出調整，以降低聲譽損害。Benoit則以形象修復理論（Image Repair Theory）建立一套語言回應策略，包括否認、迴避責任、降低冒犯、補償、矯正行為等，協助組織在公眾眼中重建信任。

❺危機類型與分類

危機可依發生來源、影響範圍與處理模式分類，Mitroff（2001）與Coombs（2007）彙整如下：

危機對應表

類型	例子	對應策略
自然型危機	地震、颱風、疫情（如COVID-19）	建立預警與災防體系
技術型危機	電網故障、系統癱瘓、資料外洩	強化備援系統與資安演練
人為失誤型	工程事故、錯誤決策、疏於管理	內部流程優化與透明責任制度
惡意破壞型	駭客攻擊、恐怖事件、惡意投訴	提前監控與危機模擬演練
聲譽型危機	假新聞、歧視爭議、負面評論風暴	傳播溝通與形象修復策略
潛藏型危機	組織文化病灶、長期治理失衡	結構改革與制度轉型

分類的意義不僅是事後分析，更是事前演練與策略配置的依據。每一種危機背後都有不同的應對邏輯與回應時機，無法以一套制式模式處理所有情境。

❻危機管理五步驟：理論架構與文獻基礎

在變動快速且充滿不確定性的環境中，危機管理不再是單一部門的任務，而是組織策略管理的核心構成。根據現代危機管理學者的整合觀點，危機管理可劃分為五個關鍵階段：預防（Prevention）、準備（Preparation）、回應（Response）、復原（Recovery）、學習（Learning）。以下依序說明每一階段的理論意涵與代表性文獻，建構一個可實踐、可反思的危機應對路徑。

①預防（Prevention）：從風險辨識到組織覺察

危機的最佳處理方式是使其不發生。Coombs提出，隨著永續議題

的興起,危機管理者必須擴展風險辨識的維度,將環境與社會責任納入預防思維的一部分(Coombs, 2010)。同時,Crandall、Crandall與Chen強調供應鏈制度中潛在風險的辨識與管控,並指出企業應透過風險評估制度、異常監控系統、預警機制等方式建構防線,以減少危機發生的可能性。預防不僅是制度設計,更是一種嵌入組織文化的警覺能力。

②準備(Preparation):建立應對體系與溝通預案

準備階段著重於「備而不用」的戰略部署。製造業「在地回流」的現象是指出當企業過度依賴外部供應鏈,一旦災難或政治風險發生,企業將面臨斷鏈風險,故建立彈性備援體系至關重要。同時,在溝通方面,González-Herrero與Smith(2008)主張企業應建立網路聲譽管理與線上危機回應機制,並預設Q&A、新聞稿模板及發言人訓練流程,以便快速啟動應變機制。準備的關鍵在於制度演練與資訊透明,確保組織在第一時間做出正確反應。

③回應(Response):組織行動與溝通策略的實踐

當危機爆發,時間即是資產。Spillan、Parnell與de Mayoro在對秘魯企業的實證研究中指出,組織的回應能力與其平時的準備程度密切相關,而資訊回應的速度與準確性將直接影響公眾信任與品牌聲譽(Spillan、Parnell與de Mayoro &, 2011)。相對地,Snook與Connor提出「結構性不作為」的觀念,指出許多危機延誤來自組織內部階層過

多、權責不清,導致反應遲滯與錯失「黃金時間」(Snook& Connor, 2005)。因此,在回應階段,企業應有清晰的應變指揮系統、靈活的跨部門協調能力與對外一致性的溝通策略。

④復原(Recovery):重建信任與制度調整

危機過後的重建工作,不僅是品牌形象的修補,也關乎組織長遠的制度修正與戰略再定位。Etter透過「沃爾瑪效應」的研究指出,企業在危機後能否成功復原,取決於其是否掌握核心價值並重新定位其社會角色(Etter, 2005)。另方面,Pedahzur、Eubank與Weinberg分析恐怖攻擊後的制度重建經驗,對於企業設計災後韌性系統與社會信任修復亦具啟發性(Pedahzur、Eubank& Weinberg, 2002)。復原階段重點在於長期策略的調整與利害關係人的重新連結。

⑤學習(Learning):建立組織記憶與反脆弱能力

危機的最後一個階段是學習,從錯誤中反思、從災難中成長。Janis提出的「團體迷思」(groupthink)理論提醒我們,若組織在決策過程中壓抑異議聲音,將可能導致災難性的錯誤決策(Janis, 1982)。Perrow則以「正常事故理論」說明,在高風險科技系統中,危機有其「必然性」,組織唯一的生存之道是建立強大的學習系統與持續調適能力(Perrow, 1999)。這一階段應制度化危機經驗的紀錄、事後檢討會與知識傳承機制,使組織在面對未來危機時更加反脆弱(antifragile)。

危機管理五步驟 × 核心文獻對應表

步驟	對應主題	關鍵文獻	主要觀點摘要
預防 (Prevention)	風險辨識、永續挑戰、供應鏈制度預防	Coombs, T. (2010); Crandall et al. (2015)	危機管理應納入永續與供應鏈韌性，提早設置警覺機制
準備 (Preparation)	災難備援、溝通策略、網路輿情準備	Hutchins, R. (2015); González-Herrero & Smith (2010)	準備階段需整合產線布局、聲譽管理與數位溝通訓練
回應 (Response)	應變行動、延誤風險、組織反應	Spillan et al. (2011); Snook & Connor (2005)	有效的危機回應仰賴組織結構敏捷度與人員訓練
復原 (Recovery)	品牌修復、制度重建、災後轉型	Etter, L. (2005); Pedahzur et al. (2002)	危機過後的修復包含聲譽管理、經濟再平衡與制度反省
學習 (Learning)	組織反思、高風險管理、制度錯誤分析	Janis, I. (1982); Perrow, C. (1999)	危機之後需進行系統性學習與文化修正，避免重蹈覆轍

◆ 危機的感知層面與傳播意涵

危機發生不僅是「實體事件」的衝擊，更多是「情緒感染」的連鎖。Weick 與 Sutcliffe指出，危機管理之難，在於應對人們對失控與恐懼的感知。這也說明，**危機傳播管理**是整體危機治理中不可或缺的一環（Weick & Sutcliffe, 2007）。

一個危機若處理得宜，可止損甚至轉機；若回應遲緩、敷衍，則可能讓社會認知持續惡化，形成「次級危機」甚至「信任崩潰」。

這也是近年Benoit提出「形象修復理論」（Image Restoration Theory）廣為應用的原因：當危機牽涉聲譽時，溝通策略往往決定最

終損益（Benoit, 1995）。

◆ **聖經中的危機管理智慧**

雖然危機管理在學術分類上屬於現代科學與管理學領域，但在人類文明的早期歷史與宗教文本中，早已可見其雛型與實踐智慧。聖經中的諸多關鍵人物與事件，不僅體現了危機預警、風險回應、倫理抉擇與群體領導等核心面向，更深刻揭示了在混亂與不確定中引領群體走向重建的領導典範。他們之所以能在風暴中挺立，正是因為秉持信念、堅守倫理，並以具體行動作為回應，在絕望之地開拓出希望的軌跡。

A. 挪亞：災難預警與全面預備的原型

在《創世記》中，挪亞接獲耶和華啟示，預知洪水將毀滅大地，遂奉命建造方舟，攜帶各種動物與家人避難，為後世保留生命火種。這堪稱人類歷史最早的「災難管理計畫」，展現了對未來風險的高度敏銳與資源調度的全面規劃。儘管在社會尚未意識到風險之時，挪亞已開始長期準備，並在無人理解的處境中堅持到底，最終成為生存與延續的關鍵。此一敘事不僅啟示危機管理應以預見與行動為雙軸，更凸顯信念作為領導者在混沌中堅持到底的核心力量。

B. 約瑟：制度型儲糧與政治風險治理的典範

約瑟的故事出自《創世記》，他由被賣為奴的青年，一步步成為埃及的宰相。因為他能解釋法老的夢，預見七年豐年將接續七年大饑荒，遂設計出一套前所未有的儲糧制度與糧食分配機制，不僅保全埃及，也拯救鄰近諸國人民免於飢荒。這一過程可視為最早的「系統風險預測」與「政策應變」實踐，強調數據洞察與制度準備之結合。約瑟的領導並非倚賴強制權威，而是透過策略溝通、跨文化理解與信任建構，實現群體利益的最大化。他所展現的，是一種深具當代意涵的「道德政治技術」，映照出全球化時代下危機協調的倫理典範。

C. 摩西：長期壓迫下的群體動員與政治轉向

《出埃及記》中，摩西奉神之命帶領以色列人走出數百年的奴役體制，展開一場橫跨民族與歷史的生存轉遷行動。他所面對的，不僅是個人的信仰與領導挑戰，更是整體族群在制度性壓迫下的集體危機。摩西不僅與法老展開多次談判，也在曠野中引導人民克服饑渴、恐慌與內部分歧，逐步建立律法體系與共同信仰，使原本鬆散的奴役群體轉化為具有文化意識與組織能力的民族共同體。

這段歷程呈現出一種「由受控到自主」的治理過渡，其領導模式結合「信仰召喚」（divine calling）與「制度建構」（institution-building），在實踐中融合政治、法律與精神象徵，為後世提供深具啟

發性的治理藍圖。此案例提醒我們，危機管理的本質不僅關乎即時應變，更需聚焦於價值導引、組織重整與群體認同的再塑造。

D. 馬太福音：耶穌幼時逃亡的危機預警與避災行動

《馬太福音》第2章記述耶穌誕生後遭遇政治危機。希律王為鞏固權力，下令屠殺伯利恆地區兩歲以下男嬰。面對即將臨頭的暴力行動，天使向約瑟顯現，緊急啟示其須連夜攜帶耶穌與馬利亞前往埃及避難。這起事件可視為歷史上最早記載的「家庭式危機撤離機制」之一，同時亦揭示針對無辜兒童的結構性生存威脅。

在這場極度不對稱的資訊與權力情境下，約瑟展現出極高的回應敏銳度與倫理行動力。他並未質疑或延遲，而是立刻整合信仰指引與實際執行，實踐了「資訊即行動」的原則。此一行動不僅體現個體於危機中對弱勢的即時守護，也彰顯家庭作為基本風險應變單位的重要性。從現代危機管理的角度觀之，該事件同時涵蓋了預警系統的價值、避難決策的時效性，以及「道德優先」作為策略核心的深層啟示。

E. 保羅：海上危機中的非正式領導與心理安撫機制

《使徒行傳》第27章詳述保羅在被押解前往羅馬途中，遭遇劇烈海難風暴「友拉革大風」。船員與囚犯在連日漂流與補給枯竭的極端情境中陷入恐慌與絕望，組織秩序近乎崩潰。此時，身為囚犯的保羅

挺身而出，不僅轉述神的應許以安定人心，更以具體建議穩定船上決策，鼓勵眾人進食、維持體力，並阻止船員擅自逃生。他與軍官、船長積極溝通協調，扮演危機中穩定秩序的關鍵力量。

此一情境體現出「非正式領導」在極端危機中的關鍵價值：即便身處制度邊緣，若能掌握資訊、具備說服力與精神引導能力，仍能有效建構「心理安全區」，穩定群體信任與行動一致性。保羅所展現的不僅是領導技巧，更是信仰驅動下的倫理責任實踐，為當代危機領導與組織心理韌性提供重要典範。

從挪亞堅定不移地建造方舟、約瑟前瞻性地推行儲糧政策、摩西帶領民族走出奴役與制度性壓迫，到耶穌家庭面對國家暴力時的即時避難，以及保羅於海難中展現出的精神引導與組織穩定能力，這些聖經敘事早已超越宗教文學的範疇，形構出一套涵蓋災難預警、資源治理、群體領導與倫理抉擇的危機管理原型。

正如Heath（2010）所言，當代危機管理的核心不僅是仰賴制度性框架與技術工具，更關鍵的是在高度不確定中做出「價值導向的決策行為」（value-based decision making）。這些聖經中的領導者，正是以信念為基礎、以倫理為準繩、以行動為實踐，於動盪紛亂中開展出韌性之路。換言之，古典文本中所蘊含的危機應對智慧，提供了現代領導者在危機情境中進行道德判斷、組織引導與風險溝通的深層範式。

聖經 × 危機管理對照表

聖經人物與故事	危機情境類型	關鍵應變行動	現代危機管理概念對應
挪亞 (創世記6-9章)	自然災難預警 (大洪水)	預先建造方舟、儲備資源、選擇保種樣本	災難預警系統、風險辨識、韌性計畫、資源分配
約瑟 (創世記37-50章)	經濟與糧食危機	解夢預警、七年儲糧、政策協調、跨文化糧食分配	預測式管理、制度風險治理、跨國協作、資源永續
摩西 (出埃及記)	結構性壓迫、民族生存危機	與法老交涉、十災應對、領導遷徙、建立律法與治理體系	危機溝通、變革領導、集體行動、倫理治理
約瑟逃亡 (馬太福音2章)	政治暴力與兒童生存危機	接受天使警示、深夜撤離、避難至埃及	情報預警、即時行動、危機逃生路徑規劃
保羅 (使徒行傳27章)	海上風暴、交通災難、組織混亂	鼓舞眾人、穩定秩序、提出行動方案、聯絡軍官與船長協調逃生	非正式領導、心理韌性建構、危機溝通、集體協調

◆ 風險危機案例應用：從富邦防疫保單事件談起

富邦集團董事長蔡明忠獲聘為東海大學EMBA榮譽講座教授時指出，期盼透過自身領導企業多年的實戰經驗，協助學生理解在企業經營中如何預防與化解失敗，特別是在錯誤決策發生後，能夠有效展開修復與轉化。他更以《反思經營學》為專題課程主題，強調失敗不應視為終點，而是深化管理韌性與策略判斷的起點。

實際上，蔡明忠本人便曾於2022年COVID-19全球疫情危機中，親歷企業衝擊的核心風暴。當時富邦集團旗下產險公司所推出的防疫保

單面臨突如其來的大量理賠申請，導致巨額虧損，引發社會關注與信任挑戰。這場波及層面廣泛、變數極高的公共健康危機，不僅深刻衝擊了保險業的風險模型，也成為其個人與企業必須共同面對的韌性考驗。正因親身經歷過決策後果與外部衝擊的疊加效應，他更強調風險管理教育中不可忽略「錯誤後的修復智慧」與「跨部門的危機應變能力」。

回頭檢視蔡明忠在「富邦防疫保單」事件中所面對的風險（risk）如何逐步演變為危機（crisis），可從風險管理與危機傳播的理論觀點進行結構性分析。2022年COVID-19疫情快速升溫期間，富邦產險大規模推出防疫保單，初衷是回應市場需求與社會氛圍，並強化企業的社會形象與品牌好感度。然而，正如Mitroff（2005）所言，若潛在風險未被及時識別、監控與有效溝通，便極易在外部環境變化中誘發不可控的危機。

防疫保單原屬商業風險，但隨著變異株傳播擴大、PCR政策鬆綁、理賠門檻降低，導致申請案件暴增，風險累積效應急遽加劇，最終轉化為企業層級的危機事件。以下三點具體揭示此次危機的關鍵特徵：

A. 突發性與不可逆性（Suddenness & Irreversibility）

防疫保單的設計原本建構於初期疫情較嚴格的檢疫制度與理賠規範。然而，2022年4月以後，台灣防疫政策急劇轉向「與病毒共存」，PCR檢測門檻大幅放寬，申請理賠者人數暴增至超出保險業者

風控模型可負荷的規模。根據金管會數據,富邦產險單月理賠申請件數即破百萬,短時間內產生鉅額損失壓力,導致內部流程癱瘓、人員超時應對,並且無法再即時調整保單條款或精算機制。這場衝擊的突發性,導致企業無法及時調整決策,且其後果具高度不可逆性,包含財務面損失、股價影響、信任受損與品牌裂痕。

在危機傳播理論中,這類突如其來且無法迅速回復的事件,被視為最具破壞性的一類危機類型(Coombs, 2015)。企業領導者若未事前建立多層次預警系統與風險模擬,就極可能在外部政策變動下陷入被動,最終導致控制力瓦解。

B. 公眾知情與輿論壓力(Public Visibility)

媒體密集報導富邦產險理賠損失金額,並揭露「投保就理賠」的條款爭議,引發社會高度關注。保單內容與實際賠付情形落差,引起網路輿論風暴,社群平台出現「套利保單」、「全民申請」等失控性標籤,加劇外部觀感危機。原先作為品牌推廣工具的保單,反成為負面象徵,造成集團聲譽重大衝擊。

C. 高層認錯與制度反思(Executive Accountability)

事件高峰時,富邦集團董事長蔡明忠在公開場合坦承:「我們沒有做好風險控管,對不起父親的提醒。」這句話揭示了企業在價值

系統與制度執行上的落差。他引用已故父親、富邦創辦人蔡萬才所強調的「風險控管原則」，作為反省的依據，象徵此危機不僅是財務問題，更是家族企業治理文化的一次深刻震盪。這種公開認錯，不僅回應輿論期待，也為後續重建信任鋪路，對企業領導者而言，亦是形象修復策略中「承擔責任（mortification）」的實踐（Benoit, 1997）。

情境式危機傳播理論（Situational Crisis Communication Theory, SCCT）

組織在危機中所承擔的責任程度將影響其應採取的溝通策略。SCCT區分三種類型的危機：受害型（Victim）、意外型（Accidental）與可預防型（Preventable）。富邦事件屬於可預防型危機，因為保單設計與風險模型未能及時調整以應對外部環境變化，屬於組織內部過失，應採用高度承擔責任的策略。

蔡明忠在防疫保單危機中的應對，明確體現了Coombs情境式危機傳播理論（SCCT）中的兩項核心策略：

- **道歉（Apology）**：面對媒體與社會關注，蔡明忠主動公開表示「我們沒有做好風險控管，對不起父親的提醒」，此言既是個人反思，也象徵企業對於過度曝險的責任承擔。該發言不僅觸及組織道德核心，也回應社會對企業高層應具備「危機中負責態度」的預期，是一種高強度的形象修復語言策略。
- **補救（Compensation）**：雖然未公開具體賠償金額與細節，但

蔡強調保險制度最終仍保障民眾健康與防疫安全，試圖透過宏觀敘事鞏固企業「公共利益守護者」的角色，進而穩定保戶信心、緩和社會觀感與品牌裂痕。

SCCT理論強調危機回應策略需與社會責任歸屬程度相匹配。在此次事件中，富邦集團因具備高度市場佔有率、家族品牌傳承背景以及疫情期間提供關鍵保險產品，其社會角色被視為「應當承擔重大信任責任者」。這種社會角色期待強化了組織被歸責的程度（attribution of crisis responsibility），使得蔡明忠不得不採取更強烈、具認錯意味的策略回應。Coombs也指出，危機回應應視社會期待與責任歸屬強度而定。本事件因為民眾普遍對富邦抱持高度期望，亦強化了蔡明忠必須採取高度認錯的回應強度。

事實上，若企業選擇「推責或沉默」將可能激化民怨，導致形象修復失效。因此，在高責任情境下，採用「道歉＋補救」的雙重高強度策略，正是維繫企業韌性與公眾信任的關鍵所在。

形象修復理論（Image Repair Theory）

根據Benoit提出的形象修復理論（Image Repair Theory），當組織面臨公眾信譽受損時，可採用五大類策略進行回應：否認（Denial）、迴避責任（Evading Responsibility）、減輕冒犯（Reducing Offensiveness）、矯正行為（Corrective Action）、補償（Compensation）。

在本次富邦防疫保單危機中，企業高層採取的回應方式明顯可歸納為下列兩項修復策略：

A. 矯正行為（Corrective Action）

蔡明忠在危機高峰期數次公開強調企業未來將更加重視風險控管與制度設計，並引用已故父親蔡萬才的家訓：「做風險控管」、「做生意要誠信、要勤奮，成功後要謙虛」。此舉展現企業的反省態度與制度改革承諾，傳達「我們已學到教訓，並正努力改進」的訊號，屬於典型的矯正行為策略，目的是恢復大眾對富邦管理能力與價值體系的信心。

B. 減輕冒犯（Reducing Offensiveness）

在輿論高度壓力之下，蔡明忠選擇不迴避情緒性回應，他在記者會上表示：「雖然對父親有些事情做得對不起，但對得起自己、對得起社會、對得起良心。」這番話意在透過「道德自評」與「社會貢獻強調」，來弱化社會對於企業失誤的負面觀感。此策略嘗試將企業行為置於一種「善意但遇變數」的語境中，保留企業在疫情期間秉持全民健康為核心價值的積極形象，藉此降低外界批判力道與情感反彈。

從危機中鍛造未來：蔡明忠展現企業家精神與制度韌性的典範

蔡明忠以高情感與高責任的策略處理防疫保單事件，符合SCCT

與形象修復理論的建議。他不僅向內部與外部利害關係人傳遞出反省訊號，也藉此重申企業倫理價值與文化傳承。Benoit指出，形象修復並非僅靠「承認錯誤」即可達成，而需透過語言策略結合行為落實，形成一致性敘事與行動框架。在此次案例中，藉由強調「組織學習」與「初心未變」的語言策略，為企業信譽重建鋪設倫理與情感基礎，進而轉化原本單向的道歉壓力為正向形象的重建契機。更以危機管理智慧將一場聲譽危機轉化為制度轉型的契機。

當我們從企業治理與危機管理的視角深入剖析蔡明忠的領導風格，不難發現他所展現的不僅是危機處理的技術，更是企業家精神的高度體現。根據企業危機管理理論大師Mitroff的觀點，真正卓越的企業領袖，能在混亂中維持判斷力，並把危機視為制度創新的轉捩點。蔡明忠在此次防疫保單事件中，採取高情感（high affect）與高責任（high responsibility）策略，對內展現誠意，對外維持透明，正是SCCT理論所提倡的「負責型情境回應策略」（responsibility-matched response strategies）最佳實踐。

他非但未選擇卸責或淡化，而是以一名企業家的遠見，主動承擔，並藉由公開道歉與高層參與檢討，促成富邦內部風險制度的全面升級。這種行動不僅反映出他深諳品牌信任修復的時機掌握，更展現出一種罕見的「系統性韌性建構能力」（systemic resilience-building capability）。

企業家的本質，在於看見未來風險與契機交織的深層結構，並

能在最艱難之時，逆勢布局制度，轉危為機。蔡明忠以此種智慧與胸懷，重新書寫富邦集團的危機管理典範，不僅為台灣企業領導階層立下標竿，而他帶領富邦突圍的案例，可作為各大企業建構完善的情境預測與風險防線的範例，方能避免類似危機重演。

2｜Ian Mitroff 五階段模型——危機全生命週期管理

在危機頻仍、資訊瞬息萬變的當代社會中，組織若未建立完整的危機管理機制，極可能在突發事件中措手不及、聲譽盡毀。Mitroff 所提出的「五階段危機管理模型」（Five-Stage Crisis Management Model）正是一種高度整合的理論架構，協助組織將危機視為可預測、可應對、可學習的生命週期過程，而非純粹偶發與被動的災難。本節依循此模型的五大階段：信號偵測（Signal Detection）、預防準備（Prevention/Preparation）、遏止反應（Containment/Damage Control）、復原重建（Recovery）、制度學習（Learning）進行論述。

❶信號偵測（Signal Detection）：風暴來臨前的耳語

危機往往不是「無聲而來」，而是早有徵兆。Mitroff 指出，組織應發展敏感的感測系統，及早捕捉潛在風險訊號。這些信號可能來自員工回報、消費者投訴、社群輿論異動，甚至是外部環境的變化。

例如，東海大學在 COVID-19 疫情初期，迅速設立健康通報平

台，鼓勵學生每日上報體溫與行蹤。此舉有效提前辨識潛在健康風險，並為後續防疫政策部署爭取寶貴時間，正是信號偵測階段的實踐案例。危機前兆若未及時解碼，就如地震儀故障、海嘯警報失靈，讓組織在災難來襲時毫無準備。

❷預防準備（Prevention/Preparation）：未雨綢繆的制度設計

信號偵測後，組織應立即啟動預防機制與應變計畫。此階段強調建立標準作業程序（SOP）、危機應變手冊、部門協調機制與公關回應話語。

波音737 MAX兩起墜機事件即凸顯預防失靈的代價。若公司能及早回應機師反映的MCAS系統設計瑕疵，悲劇或可避免（Reuters, 2019）。反觀東海大學在面對宿舍安置引發爭議時，若能提早開設學生溝通管道，邀請代表參與會議，便能化解誤會、防止對立升高。Mitroff（1993）強調，預防不只是消極防守，更是主動部署，是領導者「願意相信危機總會發生」的理性謙卑。

❸遏止反應（Containment/Damage Control）：控制損害的關鍵時刻

一旦危機爆發，如何快速反應、減少傷害成為焦點。此階段應以組織整合為核心，調動跨部門資源，執行危機應變計畫，並同步進行危機傳播與媒體關係管理。東海大學在處理2024管理學院會計系學

生重大車禍事件時，第一時間聯繫家屬、警政系統，並透過公開發布新聞稿聲明對過世學生致上哀悼，表達校方立場追究肇事者責任的態度，安排追思儀式於校內進行，有效遏止外部情緒蔓延，不僅有利後續協助學生家屬處理後事，更讓社會對東海因負面危機處理產生正面效應。此階段的要訣在於：「資訊透明、情感誠懇、行動果斷」，三者缺一不可。

❹復原重建（Recovery）：走過風暴後的療癒與重整

危機處理不是終點，更需著眼於組織如何在事件過後恢復常態，甚至實現結構性蛻變。復原不只是「繼續營運」，還包括心理重建、信任修復與制度反思。

以川普2024年選舉造勢活動槍擊案為例，美國特勤局在事件後立刻宣布改革行動，包括檢討人力部署與提升戶外集會警戒等策略，試圖挽回公眾對保安體系的信心。Mitroff提醒：復原應建立在「誠實面對問題」與「制度轉化」之上，方能提升未來抵抗風險的能力。

❺制度學習（Learning）：從錯誤走向永續韌性

學習是危機管理中最容易被忽略，卻也是最根本的一環。沒有制度性的記錄、檢討與知識轉化，危機處理永遠淪為「一次性反應」，無法為組織累積智慧資本。

Mitroff與Anagnos主張，危機後應召開回顧會議（After-action

Review）、修正SOP、更新訓練教材、建立案例資料庫，並將危機治理觀念納入新進員工與幹部訓練，讓經驗真正內化為組織文化的一部分（Mitroff & Anagnos, 2001）。

東海大學在疫情之後設立的「危機應變手冊」與「媒體應對準則」，即為制度學習的實踐，讓過去的混亂不再重演，成為學校永續治理的資產。

從反應管理到系統治理的轉型

Mitroff五階段模型的核心價值，在於它強調危機是連續的、不斷循環的治理過程。從信號偵測到制度學習，組織不再只是被動面對災難，而是透過設計與反思，建立一套跨部門整合、跨時間階段的韌性架構。於東海大學的觀察中亦可發現：當組織能將每次危機視為一場內部教育，就能逐步強化其風險抵抗力與社會信任感，並最終在風暴過後，仍堅定站立。

3｜Coombs情境式危機傳播理論（SCCT）

在危機發生的當下，組織面對的挑戰不僅是事件本身，更是「如何說話」與「說什麼」。一場公共危機若無法有效傳遞訊息、澄清誤解、建立信任，即使處理得當，仍可能因錯誤傳播策略導致信譽受損。此一核心問題，正是W. Timothy Coombs所提出的「情境式危機傳

播理論」(Situational Crisis Communication Theory, SCCT) 所要解決的關鍵。

❶SCCT的理論起源與基礎架構

SCCT誕生於Coombs對危機溝通的持續研究，其核心理念建基於「歸因理論」(Attribution Theory)，主張當大眾面對一場危機時，會試圖尋找責任歸屬與動機來源，進而影響他們對該組織的評價。

Coombs指出，危機事件本身並不完全決定輿論走向，而是組織對事件的「回應策略」與「責任歸屬程度」之間的契合程度，才是關鍵影響因子 (Coombs, 2007)。若組織低估責任歸屬，或回應語氣與公眾期待落差過大，將導致信任斷裂與聲譽危機。

SCCT是一種以「情境」為核心變項的動態模型，並非一體適用的處方箋，而是根據不同危機類型、責任歸屬程度與歷史背景，彈性調整策略，以達成最佳溝通效果。

危機傳播的核心原則與策略應用

在當代傳播環境中，每起重大事件都不再僅是單一面向的新聞，而是跨越情緒、制度、媒體與治理等多維領域的「多層次危機」(multi-level crisis)。無論是新光三越台中店的氣爆事件，還是台積電赴美投資引發的經濟與政治爭議，皆顯示出當今危機傳播所面對的挑戰早已超出傳統「發稿與回應」的範疇。

危機傳播管理（crisis communication management）的核心任務，是在資訊過載與情緒蔓延的環境中，建立一套具備預警、回應與修復功能的行動架構。其重點不在於塑造完美形象，而是防止組織失控、穩定人心，並逐步重建信任。

❶三大原則：Coombs 危機溝通核心框架

Coombs於*Ongoing Crisis Communication*中提出危機溝通應遵循三項基本原則：

快速（Speed）：搶佔資訊主動權，減少謠言與虛假訊息擴散的時間窗口。「快速」意味著主動掌控敘事起點，若組織反應遲緩，即便最終說明詳盡，也難以彌補第一印象帶來的信任流失。

準確（Accuracy）：資訊內容須可驗證，避免過度修飾或虛偽聲明。「準確」則提醒，過度包裝或誤導資訊，雖可短暫消除質疑，卻在事實揭露後形成二次信任破口，重創品牌與制度公信力。

一致（Consistency）：所有窗口（新聞稿、社群平台、發言人）口徑一致，避免「多頭馬車」導致信任破裂（Coombs, 2007）。「一致」更是橫向整合的試金石，若各窗口訊息前後矛盾、口徑不一，將迅速削弱組織的權威性，使得原本可控的危機轉為擴散性失控。

這三項原則，並非只是危機應變手冊上的操作守則，而是組織能否在失序邊緣穩住信任資本的底層機制。以新光三越案為例，事故初期的資訊失序，便是因為缺乏這三項基本原則的落實：無法快速搶佔

說明權，讓謠言先行。初步聲明模糊，欠缺可驗證細節，引發更多猜測。缺乏統一發言機制，基層員工與高層言論脫節，形塑出「遮掩」的社會印象。因此，Coombs所強調的，不僅是回應技術，更是組織在危機中，如何同步展現行動速度、內容誠實與語言一致性的「制度韌性」。

危機瞬息萬變，但真正能夠穿越風暴的，永遠不是完美無瑕的形象，而是能夠在亂流中堅守節奏、穩定心智的系統思維。

❷危機類型分類：三大類型與責任歸屬矩陣

Coombs（2007）將危機類型依據責任歸屬程度劃分為三大類：

危機責任歸屬程度表

危機類型	定義	責任歸屬程度
受害型 （Victim Cluster）	組織本身為災難受害者，如自然災害、惡意破壞等	極低
意外型 （Accidental Cluster）	危機源於非蓄意錯誤，如技術故障、工安事故	中度
可預防型 （Preventable Cluster）	危機由組織過失或蓄意疏忽導致，如管理不善、道德失衡	高度

透過此矩陣，SCCT主張應根據「公眾認定的責任歸屬」選擇相對應的溝通策略，而非僅根據組織主觀判斷。這也顯示，傳播策略的適切性來自於社會感知的尊重與情境理解的能力（Claeys & Cauberghe, 2012）。

❸ 危機回應策略：從拒絕到補償的光譜

SCCT將危機回應策略分為三大類群組，並建構出「回應光譜」，由最低責任承認（拒絕）到最高程度的承擔與賠償，具體策略如下（Coombs, 2014）：

① 否認策略（Deny Strategy）

當組織確信自己無責，或為避免背負不屬於自己的錯誤形象時，可採取否認策略，包括：

A. 否認（Denial）

直接聲明危機並不存在，或組織與事件毫無關聯。此策略目的在於立刻切斷責任聯想，防止負面情緒擴散。

B. 攻擊指責者（Attack the Accuser）

反擊指責者，質疑其動機或證據，以削弱指責方的可信度。

C. 替罪羔羊（Scapegoat）

將責任歸咎於外部個體或環境因素，例如供應商失誤、不可抗力等，藉以卸除組織直接責任。

此類策略通常適用於受害型危機（victim cluster），如天災、惡意

攻擊，當組織實際上並無過錯，但外界誤認其有責時使用。

② **減責策略（Diminish Strategy）**

當組織承認危機發生，但欲減輕外界對其負面評價時，可採取減責策略，包括：

A. **藉口（Excuse）**

說明危機發生是由不可控因素（如自然災害、突發系統故障）所致，強調非蓄意、無可避免的特性。

B. **正當化（Justification）**

試圖說明組織行為在當時情境下具有合理性，即使結果不理想，也非出於疏失或惡意。

減責策略適用於意外型危機（accidental cluster），如產品意外缺陷、外部攻擊事件，重點在於建構一個理解脈絡（context of understanding），讓利害關係人認知到組織的行為在當時是合理或無法避免的。

③ **重建策略（Rebuild Strategy）**

當組織確實在危機中有責任，且受損程度嚴重時，應採取積極負責的重建策略，包括：

A. 道歉（Apology）

誠懇承認錯誤，表達深切遺憾，並願意承擔應有責任。有效的道歉須具備清楚表達錯誤性質、造成的影響，以及未來防範措施的承諾。

B. 補償（Compensation）

提出具體且有誠意的賠償行動，例如金錢補償、免費服務、社會公益回饋等，以彌補受害者的實質損失與情感創傷。

重建策略適用於可預防型危機（preventable cluster），如管理疏失、內控失靈等，重點在於迅速修復組織與利害關係人之間的信任裂痕，防止品牌價值與聲譽持續流失。

C. 加值策略（Bolstering Strategy）

此外，Coombs亦建議在主要回應策略之外，搭配加值策略，以進一步強化組織形象與信任基礎，包括：

- **重申過往貢獻（Reminding）**：提醒大眾組織過去的正面成就，如企業社會責任計畫、公益參與，喚起情感連結。
- **自我肯定（Ingratiation）**：向受眾表達感謝、肯定其重要性，以建立情感債與關係黏著度。
- **尋求理解與支持（Victimage）**：在組織本身亦為受害者時，適度

展現自身的困境與脆弱，喚起社會的同理與支持。

加值策略並非孤立使用，而是作為主要策略的輔助，目的在於建構聲譽護城河（reputational buffer），讓組織即使面臨風暴，也能憑藉過往信任資本，維持一定程度的社會支持度。

❹歷史聲譽與「危機記憶」效應

SCCT特別強調「危機記憶」與「歷史聲譽」的交互作用。若組織曾有負面紀錄或反覆出現類似問題，將放大新危機的負面效應，即「累積式責任感知效應」（Veloutsou & Moutinho, 2009）。

因此，在面對危機時，組織須評估自身「危機履歷」與「信任基礎」，以免低估大眾的情緒反撲。例如，若某企業曾因食安問題受譴責，再次出現品質爭議時，即使只是偶發錯誤，仍可能被輿論視為「舊病復發」。

❺SCCT的限制與當代延伸

儘管SCCT為危機傳播提供清晰架構與策略配對，仍有若干限制與挑戰：

> **文化差異因素**：SCCT多以西方個人主義社會為背景，在高語境文化（如東亞）中，情緒展現與道歉方式需在地調整（Low, Varughese, & Pang, 2011）。

> **社群媒體動態效應**：在社群時代，危機訊息擴散速度極快，回

應策略需更即時與情緒導向,傳統SCCT對應節奏略顯滯後。
- ➢ **跨平台聲音碎片化**:危機輿論不再單一集中,組織需面對多元聲音與碎片化真相,如何在短時間掌握主導話語權,是SCCT應持續進化的挑戰。

❻SCCT的實踐價值與前瞻思維

SCCT作為當代危機傳播最具實用性的理論之一,其價值在於提供組織一套根據情境變項動態調整的「策略地圖」,協助領導者在情緒洶湧的危機現場中,選擇「既誠懇又有效」的溝通方式。SCCT亦提醒我們,誠信與反思才是最終的防火牆。危機傳播不能只是技巧的操作,而是一場組織價值與公眾期待的深度對話。

4｜Benson情境方法（Situational Approach）與脈絡因應

在面對高度動態與多變的危機情境時,傳統一體適用（one-size-fits-all）的處理模式逐漸顯得捉襟見肘。情境方法（Situational Approach）正是在此背景下應運而生,主張危機應變不能僅依賴僵化標準流程,而應深入理解當下語境、利益關係人特性與社會氛圍,方能制定具有彈性、感性與效率的策略（Benson, 1988）。

❶ 情境方法的理論基礎：反對僵化回應的危機感知觀

情境方法由Benson在1988提出，是一種批判傳統危機處理程序化迷思的應對策略。其基本立論為：危機並非僅是事件的反應機制，而是語境中角色、關係與感知的交錯結果。組織應根據情境變項，包括危機類型、時間點、社會情緒、組織信任基礎、媒體參與程度等，靈活調整回應話語與行動模式。

Benson強調，「危機的本質在於脈絡」（Benson, 1988），這意味著，相同的危機在不同組織或不同時空背景下，應對策略不能照本宣科，而須回應社會對象的特殊期待與敏感點。

這一理論觀點與Weick的組織感知理論（sensemaking）不謀而合，後者認為：危機不是客觀事實的總和，而是人們對事件的「詮釋與構連」。因此，領導者的第一要務不是立即行動，而是先「解讀情境」（Weick, 1995）。

❷ 情境方法的五大判斷變項

根據Benson與近年學者延伸情境方法的實作依據可概括為五大核心變項：

1. **危機本質與受害程度**：事故是自然、意外還是可預防？是否有重大傷亡或道德爭議？
2. **社會情緒溫度**：是否形成集體憤怒、焦慮或恐慌？

3. **媒體與社群介入程度**：訊息擴散速度、議題被轉化為符碼（meme）之可能性？
4. **組織文化與信任基礎**：過往是否曾處理類似危機？是否具有回應誠信資本？
5. **利害關係人視角差異**：不同受眾對事件的詮釋是否一致？哪些群體可能被邊緣化？（Reynolds & Seeger, 2005）

❸ 策略內涵：從「應對」轉向「對話」

傳統危機處理常強調「回應速度」，情境方法則更關注「回應對象與內容的適切性」。Reynolds與Seeger指出，危機溝通若無法「情境對位」，就算在黃金時間內發出聲明，也可能引發二次風暴（Reynolds & Seeger, 2005）。

情境方法的策略內涵可歸納如下：

> **回應語調調整**：悲傷語境中避免技術性語言，在社會憤怒情境中避免使用冷靜或是推託的話語。
> **角色重新定位**：組織不再是「主導者」，而是「共同面對者」，應該採用「陪伴者話語」。
> **傳播節奏設定**：避免一次性大量資訊傾倒，可以試著改為「節奏式更新」，使外界感受到持續關注。
> **利害關係人共創**：主動邀請當事人或民間代表參與問題解決設計，如設立諮詢小組或公聽會。

> **危機擴散預測與防堵**：提前分析可能轉化議題（如從事件焦點轉為制度焦點），避免輿論焦點外移。

❹實務案例分析與脈絡解析

CASE 1：川普遇刺事件的情境誤判

2024年時任美國總統候選人的川普於賓州競選造勢場合遭槍擊，特勤局事後發言採用標準化的技術陳述，未對公眾展現同理與責任感，引發更大輿論撻伐。從情境方法角度觀察，此危機具有三重情境特質：高政治張力、高情緒反應、高公眾關切。忽略這些情境，而以技術官話面對，無法回應社會的「情感訴求」，也難建構信任回補機制（Pew Research Center, 2024）。

CASE 2：東海大學勞作教育爭議的因應轉向

東海大學過去面對學生對勞作教育制度的集體連署批評，始終採「制度堅持」立場而導致學生反彈。2022年前臺灣師範大學校長張國恩校長接任東海大學校長後，轉向開放對話與師生共擬改革方案，讓學生了解亞洲基督教高等教育聯合董事會創辦東海大學時，在創校備忘錄第五點中，清楚將基督教僕人精神與勞作教育融合，並陸續舉辦論壇、納入學生參與討論制度改革，堅持勞作教育的教育意涵與實踐精神，進而推動勞教教育4.0，成功轉化為公共參與典範，突顯情境方法「由對抗轉向共構」的精神。

❺情境方法的當代表述與延伸理論

情境方法在當代危機治理中持續演化,並與以下理論接軌:

- **組織韌性理論(Organizational Resilience)**:強調組織需有情境回應與快速彈性調整能力(Duchek, 2020)。
- **關係取向溝通(Relational Communication)**:危機不只是訊息管理,更是關係修復與信任重建(Kent & Taylor, 2002)。
- **群眾感知理論(Publics Theory)**:不同受眾依資訊涉入程度與危機感知不同,需做差異化對話(Grunig & Hunt, 1984)。

5｜Benoit形象修復理論IRT

❶理論基礎:聲譽是一種可修復的社會建構

Benoit指出,危機中的形象受損,往往來自於社會對組織「違反規範」、「造成損害」與「迴避責任」的集體認知(Benoit, 1997)。聲譽是一種社會建構的產物,不僅依賴組織過往的行為軌跡,也深深受制於群體情緒、社會價值觀與當下敘事邏輯。形象修復(Image Restoration)並非單向的訊息輸出,不只是單純發表聲明、道歉或辯解。是透過語言互動與敘事重構,重新取得道德正當性與情感連結。

根據Benoit的論述,形象修復理論基於以下三項前提(Benoit, 1997):

1. **大眾認為某一行為不當**（The act is considered offensive by the public）：危機行為必須違背了社會普遍認同的規範、價值或期望，才能引發形象受損。例如企業涉入貪腐、環境污染，或在事故中表現出冷血無情，皆易觸發此種負面感知。

2. **大眾將該行為責任歸屬於組織或個人**（The organization is held responsible for the act）：當大眾認定某一行為可歸咎於特定組織或領導者，而非單純的偶發事件或外部因素，形象受損的風險隨之加劇。責任感知（attribution of responsibility）成為危機進一步惡化或緩解的關鍵變數。

3. **該行為損害了組織聲譽或利益**（The act causes damage to the organization's reputation or interests）：當行為帶來實質或象徵性的損害，如客戶流失、股價下跌、品牌負面標籤時，修復行動即成為組織必須正視的緊急任務。

基於以上三個前提，Benoit強調：修復策略的終極目標，不只是平息當前事件的輿論風暴，而是重新建構組織的「道德面具」與「情感信用」。所謂道德面具（moral mask），是指組織在人們心中所扮演的價值承諾者角色；情感信用（emotional credit）則是組織與社會之間長期累積的好感、信任與同理情緒。一旦這兩者受損，組織就不僅僅面臨「事件處理」的挑戰，而是「身份重塑」的重大考驗。因此，形象修復理論隱含一個深層命題：危機中的真正競技場，不只是事實辯護，更是意義的重建與價值的再生。

有效的修復行動，必須能夠：體察大眾情緒的細微變化（emotional pulse）；精準拿捏道歉、補償、辯解等策略組合的節奏與深度；以一致性敘事（narrative consistency）重新框架組織行為，讓公眾得以重新找到同理與支持的合理化基礎。最終，形象修復不是一次性公關行動，而是一場深刻的社會心理重建工程。正如危機管理大師Coombs所言：「危機之中，誰能定義敘事，誰就能主導信任的未來。」因此，修復策略的目標不只是「平息事件」，而是重建組織的「道德面具」與「情感信用」。

❷五大策略群組與子策略解析

在回應危機時，若組織聲譽或形象已受損，Benoit於其*Accounts, Excuses, and Apologies*中提出的形象修復理論（Image Repair Theory）提供五大策略方向：

1. **否認（Denial）**：直接否認相關行為，或拒絕承認相關指控與指責，是一種激烈且高風險的策略。在危機初期，若證據尚未明確，否認可以暫時減輕壓力。

   但若後續證據揭露，則可能導致形象雪崩，產生更嚴重的信任危機。川普在美中貿易戰期間，面對外界對關稅戰可能引爆經濟衰退的指控時，屢次選擇否認經濟風險的存在，聲稱「貿易戰非常好，美國會贏得勝利」就是典型的例子。這種否認式回應，短期內穩固了支持群眾，卻在中長期削弱了全球市場信

心，埋下深層脆弱性。因此否認策略若使用不當，反而會加深損害。

2. **迴避責任（Evading Responsibility）**：主張事件係他人或外力所致，將責任移轉，意圖降低自身受損。馬斯克在與巴西政府衝突中，指控最高法院法官獨裁，試圖將焦點轉移至司法體系的瑕疵，而非自家平台的責任問題。然而，在巴西強勢法律行動下，這種責任迴避策略未能有效穩定局勢，反而使X平台的治理能力再受質疑。

3. **降低冒犯程度（Reducing Offensiveness）**：透過比較、重點轉移或建構情境框架，試圖降低外界的負面感受。在台灣高鐵聯貸危機中，蔡明忠回顧當年標案過程，曾以「全台資本市場規模有限」的外部結構性困難，來緩和企業高負債壓力的形象。這種策略，若搭配誠懇態度與具體行動，可以適度緩和批評強度，但若過度強調外因，則可能被解讀為推卸。

4. **矯正行為（Corrective Action）**：承認問題並提出具體改善計畫，是形象修復中最具正面意義的策略。台中市政府在新光三越爆炸案中，沒有推卸責任，也未陷入指責遊戲，而是以實際行動迅速整合資源、坐鎮指揮、公開資訊流，展現了以「行動矯正信任」的治理典範。這種「先穩定社會情緒，再逐步釐清責任」的節奏，符合Coombs危機溝通理論中「重建策略」（Rebuild Strategy）的精神。

5. **補償（Compensation）**：在危機中主動承擔責任，提出賠償或真誠道歉，是重建情感連結的重要方式。以新光三越爆炸案為例，若企業能在第一時間啟動「修補形象」與「補償」策略，透過專業聲明說明責任歸屬，並針對受災民眾提出賠償機制與持續關懷行動，或許可以有效減緩輿論風暴。然而，該案初期發言僅由現場保全與員工臨時應對，缺乏正式窗口與補償承諾，使得錯失了重建信任的黃金時間（ETtoday 新聞雲，2025）。

Benoit提出的形象修復理論中，針對不同危機情境與責任歸屬感知，建構出五大策略群組及其子策略，提供組織在面對聲譽危機時有系統地選擇應對路徑。以下為各策略群組與子策略的具體解析（Benoit, 1997）：

否認（Denial）

當組織確信自己無責，或事件本質與自身無關時，否認策略可用以劃清界線。

- **單純否認（Simple Denial）**：直接否認有任何不當行為發生。例如聲明未曾涉及指控事件，或與爆料內容無關。此舉適用於誤解、假新聞等情境，目的是及早阻斷負面情緒擴散。
- **轉移責任（Shift the Blame）**：將危機責任歸咎於第三方，如合作夥伴、供應商或外部變數。使用時需謹慎，必須有充分事實

支持，否則易引發「推卸責任」的反感效應。

迴避責任（Evading Responsibility）

當組織無法完全否認事件發生，但希望降低責任歸屬強度時，可採用迴避策略。

- **意外發生（Provocation）**：表示行為是因受外力刺激、不可控因素所引發，如突發自然災害導致意外。
- **被迫行為（Defeasibility）**：聲稱在事發當下資訊不足、能力受限，無法預防或控制事故。例如因供應商未即時通報致生產失誤。
- **正當理由（Accident）**：強調事件雖造成損害，但屬於合理範圍內的作業風險，且非蓄意傷害。
- **良好動機（Good Intentions）**：表達初衷本為善意，例如推動創新改革卻意外引發爭議，藉此爭取理解。

降低冒犯程度（Reducing Offensiveness）

當事件確有負面影響，但欲減緩公眾憤怒或損害認知時，適用此策略。

- **強調功績（Bolstering）**：提醒公眾組織過去的貢獻與正面形象，建構情感緩衝區。
- **差別對待（Minimization）**：主張損害程度未如外界誇大，試

圖縮小事件嚴重性。

- **攻擊指控者（Attack Accuser）**：質疑指責者的動機、公信力或過去紀錄，轉移焦點。使用時需極度審慎，以免引發反向災難。
- **補償行動（Compensation）**：雖不承認主責，仍主動提出補償措施，展現善意與社會責任感。

矯正行為（Corrective Action）

當組織意識到系統性失誤或管理漏洞時，應主動提出矯正措施。

承諾改革與防堵：針對問題源頭進行深度檢討，並公布具體改革方案與預防機制。例如更新內控制度、強化教育訓練、設立第三方監督機制。此舉有助於向社會傳遞「組織已學習」的訊號。

補償（Compensation）

當組織面臨高度責任歸屬且社會情緒高漲時，應以最高誠意面對。

公開認錯與請求原諒進行補救：正式道歉、承認錯誤，並提供實質補償，如賠償金、公益回饋等。補償策略風險最高，若處理不當，可能激化責任追究；但若真誠到位，則能有效打開信任重建的入口。

每一策略在使用時，應依據責任歸因強度（attribution of responsibility）與社會情緒溫度（emotional climate）動態調整，形成一套具靈活性的「動態修補組合策略」（Dynamic Image Repair Portfolio），以兼顧事實回應與情感撫平，最大化聲譽修復的效果。

❸ 語言修復的心理邏輯與溝通美學

形象修復不僅是策略的排列組合，更是情感工程與心理建設的過程。根據Heath的研究，有效的語言修復策略須具備三重特性：

1. **情感共鳴（Empathy）**：使用「我們理解您的痛苦」語句，建立心理共鳴。
2. **道德立場（Moral Positioning）**：明確表達對錯與價值判斷，如「我們不能容忍這樣的錯誤」。
3. **具體行動（Action Orientation）**：以實際作為回應承諾，如設立專線、進行內部改革等。

修復語言的本質，不是自我辯護，而是社會信任的再建構。

❹ 形象修復理論的當代表述與延伸應用

近年學者將IRT延伸至多元媒介與跨文化場域。Benoit與Brinson（1994）指出，在社群媒體時代，形象修復語言須融合「即時性」、「圖像性」與「多平台一致性」。例如：

- **圖文修復敘事**：如以圖像展現補償行動、勇敢行為等。
- **KOL或代言人聯合道歉**：結合公眾信任資源擴大修復力道。
- **跨語境策略適應**：在東亞文化中，須更強調群體道歉與情感承諾，而非理性說明。

此外，形象修復亦可納入CSR（企業社會責任）與SDGs（永續發展目標）策略，將危機轉化為長期公共價值的對話起點（Holladay, 2009）。

❺修復是語言中的信任政治

形象修復理論的真正價值，在於提供組織在危機語境下重建信任的話語工具。它提醒我們：語言不是粉飾，而是治癒；不是掩飾，而是承擔。當組織願意直視責任、真誠道歉、採取具體行動，其語言便不只是話語，而是倫理承諾與社會信任的實踐。在作者曾面對的的多起危機案例中，深刻體會形象修復不僅是危機處理的尾聲，更是組織文化重建的起點。

6｜理論整合與策略選擇——從系統視角看危機應變

危機管理的本質，不只是一門「事件控制的技術」，更是一種多維度系統性思考的能力。在實務現場，危機往往是突發的、複雜的、多層次的，因此單一理論常無法涵蓋全貌，風險與危機之間的界線，並非斷裂而是連續。

Coombs進一步提出風險、問題與危機三階段演進模型，強調問題若處理不當，將順勢滑入危機領域。而這一過程，往往伴隨媒體聚焦與社群輿論放大。近年教育界面對越來越多的高度敏感校園事件，其

中學生控訴教師有權力不對等與語言羞辱情形，使學生感受到壓迫與心理創傷的案例不勝枚舉，面對此類事件，若學校僅以學務一般流程回應，忽略學生主觀感受，則極易引爆破窗效應，使外界對整體教育界產生質疑。

這些案例說明，危機管理不只是技術性的滅火工作，更是一場價值的回應與文化的重建。風險管理重視預防與設計，危機管理則關乎倫理與信任的修復。前者是科學，後者是藝術；前者是對未來的估量，後者是對當下的擁抱。Fearn-Banks曾說：「預測風險，是保護未來的技術；回應危機，是修補現在的勇氣。」在社會節奏愈加快速、資訊傳播愈加即時的今天，我們所需要的，早已不再只是流程表與備忘錄，而是能在風暴來襲時，說出一句讓人願意相信的話，一句來自制度深處、來自人心誠意的話。

❶縱向流程 × 橫向情境的整合架構

Mitroff提供的是危機管理的「時間縱軸」，從偵測、預防、遏止、復原到學習，對應了危機的全生命週期（Mitroff, 1993）；而Benson強調的是「情境橫軸」，根據外部氛圍、組織文化、事件屬性與受眾心理，設計客製化策略；Coombs則補充了「責任強度」的分層架構，進而對應不同的溝通應對；Benoit則提供「語言修復」的微觀操作模型，強調情緒與信任的語言轉化能力。

這四套理論若能交互套用，便能構成一套從時間→情境→責任→

傳播行動的系統性危機處理機制：

四大危機理論模型應用對照表

理論模型	著眼焦點	時序階段/層級	核心應用
Mitroff 模型	危機管理全流程	偵測→預防→遏止→復原→學習	建構組織策略全貌
Benson 情境法	語境與場域敏感度	媒體×公眾×組織脈絡	回應彈性與現場語感
Coombs SCCT	責任強度與策略配對	受害型／意外型／可預防型	策略分類與溝通設計
Benoit 形象修復法	話語修補與道德承擔	否認／矯正／道歉／補償等語言策略	信任修復與情緒處理

❷整合應用實例：東海大學宿舍疫情事件

東海大學在COVID-19初期面臨的「宿舍安置政策爭議」，正是可貫穿上述四理論的經典本土案例：

①Mitroff模型：全流程部署

> **偵測**：建立健康通報機制，掌握疫情擴散可能。
> **預防**：提前調度宿舍資源，進行風險情境模擬。
> **遏止**：面對外界誤解，即時發布新聞說明並提供補助與服務。
> **復原**：安排心理輔導、健康諮詢與返校安置。
> **學習**：修訂校級防疫SOP，舉辦檢討會，納入下一波危機應對機制。

② **Benson情境法：語境敏銳度與策略靈活調整**

> 發現學生普遍感受到「被驅趕」的不安與不滿，校方遂主動邀請學生會、宿舍自治幹部參與溝通與政策說明會，從單向命令轉為雙向協議。

> 發言策略從「制度化語言」轉為「情感性陪伴」，提升訊息接受度。

③ **SCCT：責任歸因策略選擇**

> 儘管疫情源自社區與社會外部，但因宿舍政策造成學生不便，屬「意外型危機」。

> 採用「重建策略」（Rebuild）：提供補償、公開說明與防疫計畫書。

> 輔以「Bolstering策略」：強調東海過去防疫成效與學生優先價值。

④ **IRT：多重語言策略修復**

> 否認＋再定義：「不是驅離，而是防疫合作」。

> 矯正行為：交通補貼、協助返家、健康監測。

> 補償道歉的公開信：「每位學生都是我們的孩子」。

> 轉化敘事：媒體報導從批評轉為「東海人本防疫」之代表。

此整合式應對讓東海大學成功將一場潛在危機轉化為媒體與社群信任的回彈節點,也成為典範式的教育場域危機處理案例。

❸ 危機地圖:三軸決策矩陣的策略輔助工具

在危機應變的壓力環境下,管理者常難以即時分析所有變項,為此,可將三大關鍵維度進行矩陣視覺化,形成「危機決策地圖」:

X軸:危機發生時間段(預警期／爆發期／復原期)

Y軸:社會責任歸因強度(低／中／高)

Z軸:情境複雜度與媒體參與程度(單一平台／多聲道／情緒輿論引爆)

此三軸可構成以下決策提示:

- ◆ **高責任 × 高媒體參與 × 爆發期** → 採取強烈道歉＋補償策略,並集中平台主動出擊。
- ◆ **中責任 × 中複雜度 × 復原期** → 應進行階段性復原報告與持續性關懷性言論。
- ◆ **低責任 × 高情緒 × 預警期** → 迅速發布資訊,避免情緒擴散成危機。

❹ 危機策略選擇的價值轉化觀點

在理論與實務操作之外,危機處理其實是一場關於「價值選擇」

的過程：組織要選擇是要「低頭求原諒」，還是「高傲自證清白」？是「展現脆弱的人性」，還是「堅守制度的防線」？整合這些理論後可見：危機中的最佳策略，並不是最聰明的策略，而是最有誠意與最能與人對話的策略。誠意、回應力、行動與修復語言的結合，是組織真正能「以危立信」的轉化動能。

❺從碎片理論到整體架構的跨越

危機管理四大理論，不僅可各自運用，更應視為一組「互補性對話」工具。Mitroff提供時間流程的縱軸、Benson提供情境敏感的橫軸、Coombs提供溝通策略選擇的邏輯基礎，而Benoit則提供語言與情感修復的細緻操作。四者相互嵌合，形構出一個可應用於教育、企業、政府等多元場域的「整體式危機應變架構」。在筆者多年的實戰經驗中，愈來愈深刻地感受到：真正成熟的危機管理，不是沒出錯，而是在錯誤中仍能展現組織的道德姿態、制度韌性與溝通智慧。

中文參考文獻

BBC中文.（2011）. BP漏油事件一年後：「可怕的悲劇」. BBC新聞. 取自https://www.bbc.com

中央通訊社.（2022）. 東海大學防疫宿舍爭議報導. 取自 https://www.cna.com.tw

ETtoday新聞雲.（2022）. 防疫險讓富邦大傷！蔡明忠今承認未做好風險管理 要向父親說「對不起」. ETtoday財經雲

ETtoday新聞雲.（2025）. 台中新光三越氣爆原因調查報告. 取自 https://www.ettoday.net

商業周刊.（2023）. 星宇出包，張國煒搭廉航親自赴日滅火！這個危機處理拿幾分？取自 https://www.businessweekly.com.tw

商業周刊.（2023）. 張國煒親赴日，能挽救星宇航空形象嗎？取自 https://www.businessweekly.com.tw

商業周刊.（2023）. 星宇航空、張國煒的危機處理，還有哪些地方可以再加強？取自 https://www.businessweekly.com.tw

CTWANT.（2022）. 蔡明忠談富邦防疫險「跟父親說對不起」 產險界保全台灣珍貴醫療「摸良心對得起自己」. CTWANT財經

經濟日報.（2024）. 蔡明忠：面對AI狂潮 新世代傳承歷史文化責無旁貸. 經濟日報產業新聞

英文參考文獻

Barton, L. (2001). *Crisis in organizations II*. South-Western College Publishing.

Benoit, W. L. (1995). *Accounts, excuses, and apologies: A theory of image restoration strategies*. State University of New York Press.

Benoit, W. L. (1997). Image repair discourse and crisis communication. *Public Relations Review, 23*(2), 177-186.

Benoit, W. L., & Brinson, S. L. (1994). AT&T: "Apologies are not enough." *Communication Quarterly, 42*(1), 75-88.

Benson, J. A. (1988). Crisis revisited: An analysis of strategies used by Tylenol in the second tampering episode. *Communication Studies, 39*(1), 49–66.

Boeing. (2020, January 13). *Boeing CEO David Calhoun's letter to employees*. https://www.boeing.com

Claeys, A. S., & Cauberghe, V. (2012). Crisis response and crisis timing strategies: Two sides of the same coin. *Public Relations Review, 38*(1), 83–88. https://doi.org/10.1016/j.pubrev.2011.09.001

Coombs, W. T. (1995). Choosing the right words: The development of guidelines for the selection of the "appropriate" crisis-response strategies. *Management*

Communication Quarterly, 8(4), 447-476.

Coombs, W. T. (2007). *Ongoing crisis communication: Planning, managing, and responding* (2nd ed.). Sage.

Coombs, W. T. (2010). Sustainability: A new and complex "challenge" for crisis managers. *Public Relations Journal, 4*(3), 1–8.

Coombs, W. T. (2015). The value of communication during a crisis: Insights from strategic communication research. *Business Horizons, 58*(2), 141–148. https://doi.org/10.1016/j.bushor.2014.10.003

Crandall, W., Crandall, W., & Chen, C. (2015). *Principles of supply chain management.* CRC Press.

Duchek, S. (2020). Organizational resilience: A capability-based conceptualization. *Business Research, 13*(1), 215–246. https://doi.org/10.1007/s40685-019-0085-7

Etter, L. (2005). Gauging the Walmart effect. *The Wall Street Journal.*

Fink, S. (1986). *Crisis management: Planning for the inevitable.* AMACOM.

Gelles, D., Kitroeff, N., Nicas, J., & Glanz, J. (2019, March 16). Boeing's 737 Max: 1960s design, modern software and fatal flaws. *The New York Times.* https://www.nytimes.com

González-Herrero, A., & Smith, S. (2008). Crisis communications management on the web: How Internet-based technologies are changing the way public relations professionals handle business crises. *Journal of Contingencies and Crisis Management, 16*(3), 143–153.

Grunig, J. E., & Hunt, T. (1984). *Managing public relations.* Holt, Rinehart and Winston.

Heath, R. L. (2010). Crisis communication: Defining the beast and deconstructing myths. In R. L. Heath (Ed.), *The Sage handbook of public relations* (pp. 451-464). Sage.

Holladay, S. J. (2009). Crisis communication strategies in the media coverage of chemical accidents. *Journal of Public Relations Research, 21*(2), 208-213.

Janis, I. L. (1982). *Groupthink: Psychological studies of policy decisions and fiascoes.* Houghton Mifflin.

Kaplan, S., & Garrick, B. J. (1981). On the quantitative definition of risk. *Risk Analysis, 1*(1), 11-27. https://doi.org/10.1111/j.1539-6924.1981.tb01350.x

Kelling, G. L., & Wilson, J. Q. (1982, March). Broken windows: The police and neighborhood safety. *The Atlantic Monthly, 249*(3), 29-38.

Kent, M. L., & Taylor, M. (2002). Toward a dialogic theory of public relations. *Public Relations Review, 28*(1), 21–37. https://doi.org/10.1016/S0363-8111(02)00108-X

Low, C., Varughese, J., & Pang, A. (2011). Communicating crisis: How culture influences image repair in Western and Asian governments. *Corporate Communications: An International Journal, 16*(3), 218-242.

Meadows, D. H. (2008). *Thinking in systems: A primer.* Chelsea Green Publishing.

Mitroff, I. I. (1993). *Crisis management: A diagnostic guide for improving your organization's crisis-preparedness*. Jossey-Bass.

Mitroff, I. I., & Anagnos, G. (2001). *Managing crises before they happen: What every executive and manager needs to know about crisis management*. AMACOM.

Mitroff, I. I. (2005). *Why some companies emerge stronger and better from a crisis: 7 essential lessons for surviving disaster*. AMACOM.

Palenchar, M. J., & Heath, R. L. (2007). Strategic risk communication: Adding value to society. *Public Relations Review, 33*(2), 120-129.

Pearson, C. M., & Clair, J. A. (1998). Reframing crisis management. *Academy of Management Review, 23*(1), 59-76.

Pedahzur, A., Eubank, W. L., & Weinberg, L. (2002). The war on terrorism and the decline of terrorist group formation. *Terrorism and Political Violence, 14*(3), 27-43.

Perrow, C. (1999). *Normal accidents: Living with high-risk technologies*. Princeton University Press.

Reuters. (2019). Boeing failed to act on 737 MAX safety warnings.

Reuters. (2019). Boeing CEO fired over 737 MAX crisis. https://www.reuters.com

Snook, S. A., & Connor, J. (2005). The price of progress: Structurally induced inaction. *Harvard Business School Case Study*.

Spillan, J. E., Parnell, J. A., & de Mayoro, C. A. (2011). Exploring crisis readiness in Peru. *Management Research Review, 34*(4), 337–354.

Veloutsou, C., & Moutinho, L. (2009). Brand relationships through brand reputation and brand tribalism. *Journal of Business Research, 62*(3), 314-322. https://doi.org/10.1016/j.jbusres.2008.05.010

Weick, K. E. (1995). *Sensemaking in organizations*. Sage.

Weick, K. E., & Sutcliffe, K. M. (2007). *Managing the unexpected: Resilient performance in an age of uncertainty*. Jossey-Bass.

Chapter 4 ｜風險預防機制、應變指揮系統、媒體溝通策略

　　風險預防機制的根本價值，不僅在於避免損失，更在於讓組織得以「以韌應變、以穩致遠」。在當代危機管理體系中，風險預防機制（Risk Prevention Mechanism）已被視為韌性組織的核心基礎。

1｜風險預防機制－前導治理的核心實踐

　　Coombs指出，危機管理的首要任務並非僅為回應，而在於透過制度化預防行動，降低潛在危害的發生機率。亦即，能否辨識風險、評估其嚴重性、並提前設計回應策略，正是組織是否具備抗壓能力的關鍵。

　　(一) 建立風險感知文化（Risk Awareness Culture）：有效的風險管理應從組織文化著手。Hillson強調，風險意識若未在員工日常行為中內化，即使制度再完備亦可能失靈。組織應致力於建立一種鼓勵揭露風險、避免懲罰回報行為的「無責文化」（Just Culture）（Hillson, 2004）。例如，航空業廣泛應用的

安全回報機制，使機師能無懼回報異常狀況，進而形成良性循環。

(二) 發展關鍵風險指標（Key Risk Indicators, KRI）：預防並非僅依賴直覺判斷，而須以數據為依據。Kaplan與Garrick提出，風險應視為機率、不確定性與衝擊的乘積（Kaplan &Garrick, 1981）。KRI的設立即源於此邏輯。舉例來說，若企業發現近三個月內客訴率飆升10%，應立即啟動檢討程序，避免後續聲譽風險擴大（IRM, 2020）。

(三) 風險與策略連結（Risk-Strategy Alignment）：風險不應僅歸屬於安全部門，而應納入策略核心。Kaplan與Mikes提出整合式風險治理（Integrated Risk Governance），主張風險應參與策略形成過程（Kaplan & Mikes, 2012）。以半導體業為例，若企業計畫擴展至政治不穩定地區，則需同時導入法律風險、供應鏈中斷等變項分析，並設定KRI與資源分配對應。

(四) 情境規劃與模擬演練（Scenario Planning & Simulation Drills）：Fink指出，模擬演練是危機預防的重要一環，能提升第一線人員應對能力（Fink, 1986）。組織應設計針對不同災害情境的演練劇本，如資安外洩、地震停電或產品召回等，並記錄行動成效作為學習基礎。Ulmer、Sellnow與Seeger亦指出，演練可協助組織建立認知協調與任務分工的即時性（Sellnow & Seeger, 2018）。

(五) 風險治理架構的制度設計（Governance Structure）：Mitroff提出，風險管理應有三道防線架構：第一線營運單位（實際承擔風險者）、第二線風控單位（提供標準與監督）、第三線內部稽核（獨立評估）（Mitroff, 2001）。台積電（2025）即為此架構的實踐典範，其跨部門風險協調平台涵蓋ESG、營運、資訊與供應鏈等多元風險面向。

(六) 建置危機資料庫與事後學習機制（Post-Crisis Knowledge System）：危機預防不能缺乏集體記憶。組織應建立歷次事件的資料庫，並在每次事件後進行回顧會議與知識萃取。例如，將危機應對流程製成模擬教材或內訓課程，可強化員工對潛在風險的整體認識（Meadows, 2008）。

2｜緊急應變指揮系統：有序中見果斷

當危機如風暴突襲，能否在混亂中迅速調度、穩住核心，考驗的不僅是領導魄力，更是組織是否預先建構出一套有彈性且標準化的指揮架構。這套系統即為「緊急應變指揮系統」（Incident Command System, ICS），它是高風險情境中協調資源、整合行動、維持秩序的關鍵骨幹（FEMA, 2017；Bigley & Roberts, 2001）。

❶ICS的由來與理論基礎

ICS 最早源自 1970 年代美國加州的森林野火應對經驗，為了解決多部門協同中的指揮混亂與資源浪費問題，美國消防部門建立一套模組化、標準化的應變機制（FEMA, 2017）。此後，ICS 被納入《國家事件管理體系》（National Incident Management System, NIMS），成為全美公共安全與災難應對的標準架構。其理論基礎結合了「高可靠度組織」（High Reliability Organizations, HRO）概念，強調在極端不確定下保持作業穩定性的能力（Bigley & Roberts, 2001）。

❷ICS 的五大功能單位（C-FLOP）

ICS 的組織架構由五大核心功能單位組成，常以縮寫「C-FLOP」記憶之：

1. **Command（指揮）**：核心決策中樞，負責設立目標、整合資源與對外溝通。指揮官（Incident Commander）負責整體調度，並設有三位幕僚：安全官、資訊官、聯絡官，分別負責現場安全、媒體對應與外部協調。
2. **Operations（作業）**：前線實務執行部門，依據行動計畫調度人力、資源、交通與救護等現場行動。
3. **Planning（規劃）**：資訊中樞，負責蒐集事件資訊、預測風險演變，並制定行動計畫（Incident Action Plan, IAP），提供決策

依據。

4. **Logistics（後勤）**：支援單位，負責通訊、人力、物資、交通等一切資源之配置與調度。

5. **Finance/Administration（財務與行政）**：處理災害應對期間的預算、薪資、報銷、保險等事務，亦負責事後評估與稽核。

❸ICS 的核心價值與實務應用

ICS 不僅是一種應變架構，更是一種危機協作文化。它的成功在於：

- **統一指揮**：一個事故一個指揮官，避免權責混亂。
- **共通語言**：所有部門使用一致的術語與作業標準，提升跨機構協同效率。
- **模組化管理**：視需求啟動相對應部門，確保資源分配的效率與彈性。
- **跨部門整合**：整合政府、民間、媒體與志工組織等力量。

在COVID-19疫情、天然災害、公共危機等案例中，ICS 發揮關鍵調度與指揮功能，許多機構亦透過模擬演練、日常編組與預設方案強化 ICS 能量。

❹ ICS在東亞脈絡下的挑戰與調整

儘管ICS設計初衷源於美國文化，但其「官僚結構」與「程序導向」特質，在東亞國家實施時常面臨挑戰。Chang指出，東亞文化重視階層與面子，可能影響現場即時通報與跨層級溝通效率（Chang, 2017）。此外，在缺乏日常演練的情況下，ICS常被誤認為只是「文件流程」，難以落實為真正的決策機制。

因此，導入ICS應結合本土化調整，例如：

➢ 強化跨部門演練與溝通默契；

➢ 建立地方版本SOP；

➢ 將ICS融入教育訓練與公共治理制度。

❺ ICS 與組織韌性的關聯

ICS的最終目標是強化「組織韌性」（Organizational Resilience），亦即在危機中維持核心功能並快速回復的能力。Farcas等人認為，ICS透過清楚職責、資訊共享與即時調整，構築了一個可自我修復的系統，讓組織在高壓環境中仍能穩定前行。

ICS不只是災難應對的技術操作工具，更是一套價值體系，它要求領導者在面對不確定性時，展現果斷、透明與協作的行動哲學。對於任何渴望建立「即戰力」與「高度協同力」的組織而言，ICS是不可或缺的核心資產。

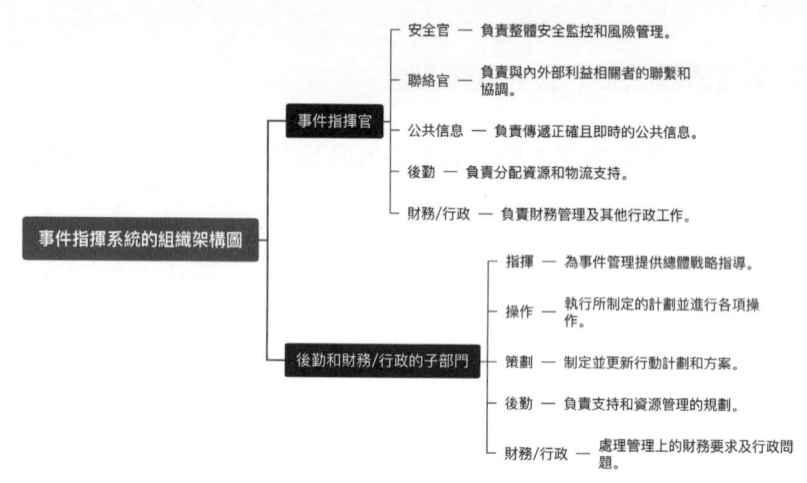

```
事件指揮系統的組織架構圖
├── 事件指揮官
│   ├── 安全官 — 負責整體安全監控和風險管理。
│   ├── 聯絡官 — 負責與內外部利益相關者的聯繫和協調。
│   ├── 公共信息 — 負責傳遞正確且即時的公共信息。
│   ├── 後勤 — 負責分配資源和物流支持。
│   └── 財務/行政 — 負責財務管理及其他行政工作。
└── 後勤和財務/行政的子部門
    ├── 指揮 — 為事件管理提供總體戰略指導。
    ├── 操作 — 執行所制定的計劃並進行各項操作。
    ├── 策劃 — 制定並更新行動計劃和方案。
    ├── 後勤 — 負責支持和資源管理的規劃。
    └── 財務/行政 — 處理管理上的財務要求及行政問題。
```

事件指揮系統組織架構圖

3｜媒體溝通策略：話語權即生存權

危機一旦浮現，訊息傳遞將如洪水決堤。此時，誰能在第一時間掌握語境、安撫利害關係人，誰就能減少風險的「次級擴張」。Benoit形象修復理論指出，面對危機組織必須選擇合適的溝通策略，包括否認（denial）、補償（compensation）等，視事件性質與社會期待調整說法。

在政治領域，媒體溝通策略對於領導人的形象塑造與危機管理至關重要。美國前總統喬·拜登（Joe Biden）與前副總統賀錦麗（Kamala Harris）在任內均曾面臨媒體溝通上的挑戰，這些事件提供了豐富的案例，供我們分析其溝通策略的得失。

拜登在2024年6月與競爭對手川普的辯論中表現不佳，引發外界對其認知能力的質疑。據 The Guardian 報導，辯論前拜登顯得心不在焉，對國內議題缺乏關注，這導致了辯論中的失誤。同時，Vanity Fair 揭露其內部團隊可能刻意隱瞞拜登的健康狀況，或集體忽視其能力下降的跡象，顯示缺乏透明的溝通策略可能加劇公眾的不信任感。

　　賀錦麗在2024年接替拜登成為民主黨總統候選人後，其媒體策略亦備受關注。PR Daily 指出，她選擇減少即興訪談，轉而依賴精心策劃的公開露面和廣告活動。然而，這種策略也引發了對其迴避媒體質詢的批評，可能削弱公眾對其透明度的信任。此外，她對以色列與哈馬斯衝突的立場亦引發部分阿拉伯裔美國選民的不滿，進一步影響其在關鍵搖擺州的支持率（Wikipedia, 2025）。

　　更進一步地，媒體觀察家指出，賀錦麗團隊對社群媒體的操作亦出現落差。雖然她的官方帳號每日更新內容，但在危機事件中，常缺乏即時性的回應與情緒的共鳴。例如在非裔社群對警察暴力事件的聲援行動中，賀錦麗的聲明被認為過於冷靜與模糊，無法回應選民的情感需求，這導致其在年輕進步派選民中的聲望受到挑戰（PR Daily, 2025）。這說明了危機溝通中的「情緒共鳴策略」亦不可忽視：訊息必須真誠、感性且具人味，才能獲得認同與信任。

　　危機溝通的核心基本概念 在當代高連結與高速度的媒體環境中，危機溝通的成敗關鍵，已不再僅限於「說什麼」，而是「何時說」「對誰說」與「如何說」。語境、節奏與策略選擇成為危機溝通的三

大支柱。Coombs指出，危機初期的訊息回應節奏將影響整體輿論框架，一旦組織無法在「黃金24小時」內建立自身的話語權，極可能淪為外部詮釋者的犧牲品。此即所謂「敘事先機」，強調在第一時間內設定語言框架、劃定責任邊界。

語境的掌握涉及社會認知與文化預期，在不同的社群中，某些回應策略可能被視為坦誠，另一些則可能被視為推諉（Seeger, Sellnow, & Ulmer, 2003）。因此，危機訊息設計必須考量利害關係人（stakeholders）的認知地景與情緒需求。形象修復理論便提供一套策略組合，包括否認與補償等，依據事件性質與社會期待選擇回應方式。該理論的核心在於：重建形象的溝通，須建立於對受眾觀點的敏感度與溝通節奏的精準掌握上。

簡言之，有效的危機溝通須掌握三重面向：語境的敏銳度、時機的控制力、與策略的靈活性，三者缺一，將導致回應失效甚至加劇危機擴張。

4｜萬榮國際 × 樂高代理終止事件：從品牌斷裂到韌性轉型──玩具產業危機管理實戰案例

❶ 萬榮從經典代理成功，到被迫獨行的十字路口

萬榮國際企業股份有限公司（Wang Jung Int'l），成立於1981年，前身為建榮塑膠，長年為Mattel與Bandai等國際大廠代工製造。後轉型

為通路與品牌經營者，代理品牌超過10個，遍布全台400多個據點。最廣為人知的里程碑，是早年丹麥樂高在臺灣遇到業績大幅衰退，改由萬榮公司代理調整台灣市場，再度將其從冷門品牌推升為家喻戶曉的創意象徵，年營業額突破4億元（萬榮國際，2017年）。

然而，在雙方合作的第14年，樂高總部卻選擇終止合作、改為自營市場。面對主力商品的斷裂，萬榮非但沒有崩盤，反而穩住腳步、展現轉型力，堪稱台灣企業危機管理的代表案例。

❷危機前兆：領導者的敏感雷達

「早在樂高正式通知終止合作之前的一整年，我們在每個月的聯席會議中，就已經感受到他們的語氣、關注焦點與氛圍起了變化。」游仲堅董事長。

這不是埋怨，而是一位老將對風暴來臨前細微風向的掌握。他深知，危機從不會一夕降臨，它總是從「會議裡一瞬的沉默」、「提案被冷處理的語氣」、「數據報告中的避重就輕」開始慢慢浮現。

正如管理學者Karl Weick所說：「危機最常發生在那些對不安跡象視而不見的組織裡。」（Crises often begin in organizations that ignore the unease in the air.）

游仲堅沒有忽視，他選擇面對，提早部署多品牌策略，讓萬榮在失去樂高時，沒有失去市場。這就是企業韌性最具說服力的實踐。

❸應變關鍵：品牌分散與多元布局

　　游仲堅指出，面對樂高的結束合作，萬榮除了主動增加品牌、多元化商品組合，也積極投入人才培養與經營模式革新。他觀察到樂高與萬代正嘗試專賣店形式，因此也開始規劃自營門市，不同的是，萬榮的門市設計將營業空間依品牌劃分，形成獨立區塊。這些區塊在陳列、行銷、顧客體驗上皆具差異性，打造出更具信賴感與識別度的自有零售模式，並強化與顧客的直接連結。

　　萬榮早在樂高成長期，即同步代理《芭比娃娃》、《鋼彈》、《超人力霸王》、《哥吉拉》等多個IP，打造出「玩具宇宙」品牌線。此外更創立自有品牌 Figa LAB，進軍設計師藝術公仔與收藏級商品市場，從單純代理商進化為品牌整合者。值得一提的是，萬榮更取得美國孩之寶公司（Hasbro）產品《變形金剛》、《超人》、《蜘蛛人》等的IP代理權，成為品牌分散戰略中的一枚重要棋子。游仲堅強調：「以往我們只認為自己是在生產品牌，現在萬榮做的是銷售品牌、通路品牌。」這番話不僅顯示其經營觀念的轉變，更反映出企業角色從製造端向市場端的全面進化。

　　這種結構性布局，讓萬榮在失去樂高後，營收與品牌聲量未受致命衝擊，展現高度組織韌性。

❹通路力與內容力的雙引擎

　　萬榮非僅依賴實體銷售，更善用媒體合作優勢，如與 momo 親子台合作播出《超人力霸王霸充》，以動畫內容串聯玩具銷售。這種「內容＋通路」策略，不但強化品牌記憶，也增強與消費者的情感連結，使品牌從商品升級為陪伴。

❺危機理論對應：從學術模型到實戰演練的多軌融合
① 危機生命週期理論（Fink, 1986）

　　Fink 將危機劃分為四階段：潛伏期、爆發期、慢性期與解決期。

- ➤ 萬榮應用對應：早在樂高終止合作前一年，萬榮即透過聯席會議察覺語氣異常、提案被冷處理等細節，顯示其風險感知文化（Risk Awareness Culture）已經建立，並成功於潛伏期啟動預防部署。
- ➤ 在爆發期，萬榮未陷入品牌崩盤，展現出「品牌分散策略」與自營門市設計已事先部署，形成危機下的穩定力。
- ➤ 復原期中，透過新品牌 Figa LAB 與孩之寶合作，讓品牌聲量與營業額快速回穩。

②組織韌性理論（Lengnick-Hall & Beck, 2005）

組織韌性包含三元素：吸收力、調適力、轉型力。

> 風險預防機制成為韌性的前導基石，萬榮透過建立KRI（關鍵風險指標）與品牌替代預案，展現吸收異變衝擊的能力。
> 萬榮觀察市場趨勢，主動研發門市分區銷售策略，實踐調適力。
> 在品牌主導權轉移後，進一步開發自有品牌與內容媒體行銷（如momo親子台合作），體現強大的轉型力。

③情境式危機傳播理論SCCT（Coombs, 2007）

SCCT理論依危機責任程度分為三類：Victim、Accidental、Preventable。萬榮屬於低責歸型（Victim型），即主動方為合作對象（LEGO）撤資。

> 萬榮採取轉移焦點策略，聚焦在「我們將為顧客帶來更多選擇」的未來展望。
> 同時啟動正向強化策略（Bolstering），強調自身品牌進化與零售體驗升級，維繫品牌聲譽，避免輿論焦點集中於「被拋棄」。

④應變指揮系統（Incident Command System, ICS）

ICS強調危機當下的協調指揮與部門分工。其五大要素為指揮、

營運、規劃、後勤與財務。

萬榮的應變模式對應如下：

> **指揮中心**：由董事長親自掌握品牌撤出應對節奏。
> **營運單位**：門市調整布局、自有商品上架。
> **規劃單位**：品牌替代計畫啟動（Hasbro接手）。
> **後勤單位**：貨物流通與庫存調度。
> **財務單位**：確保資金流不中斷，並調整通路投資比重。

顯示萬榮已內建類ICS的危機應變邏輯，即便未以此命名，卻已高度對應。

萬榮的案例證明，危機管理的真諦不是在災難後回應，而是提前建立制度與文化，以制度韌性、組織學習與主動溝通面對轉折。當企業從Fink的時間觀出發、結合Coombs的語言策略、展現ICS的即戰力，並回歸到組織韌性的深層體質養成時，危機就不再是黑天鵝，而是成長的助燃器。

❻企業價值的重新定義

游仲堅不以失敗為恥，反而視危機為企業家養分。他常引用愛迪生名言：「我沒有失敗，我只是找到了一萬種行不通的方法。」（Edison, 引自Isaacson, 2021）這種信念讓他將危機視為組織進化的觸媒。

他說：「品牌會走，但價值不會散。如果你能創造價值，你永遠

不怕合作中止。」這句話成為萬榮面對品牌終止後仍能屹立不搖的精神象徵。

游仲堅也進一步強調：「有些挫折，是我留給下一代最好的禮物。我希望我的孩子知道，企業家的成就不是避開失敗，而是學會從失敗中站起來。」這句話揭示他對領導與傳承的深層認知，也強化了危機教育的家庭與組織意涵。

❼ 產業啟示與管理洞察

萬榮案例凸顯台灣中型企業在全球品牌策略變局中的兩難：代理成功卻易被總部收回；長期貢獻卻無決策權。然而也因此，更顯得**品牌自主性**與**市場話語權**的重要性。

對未來台灣企業而言，萬榮模式提供三個策略方向：

1. 提前部署「替代性品牌」或自有商品線。
2. 強化內容行銷與媒體合作，提升消費者黏著。
3. 建立跨品牌與藝術授權合作，走出利基市場。

❽ 危機是企業韌性的試金石

萬榮國際的故事說明，企業真正的核心競爭力，從來不是代理哪個品牌，而是是否具備創造價值、整合品牌與承受風險的能力。正如SCCT理論所強調的，回應策略的關鍵在於主動性與策略性溝通。

中文參考文獻

台灣積體電路製造股份有限公司（TSMC）.（2025）。2025年風險管理與永續報告書。https://www.tsmc.com

萬榮國際企業股份有限公司（2024）。企業簡介與品牌發展。取自https://www.wangjung.com.tw

英文參考文獻

Benoit, W. L. (1995). *Accounts, excuses, and apologies: A theory of image restoration strategies*. SUNY Press.

Bigley, G. A., & Roberts, K. H. (2001). The incident command system: High-reliability organizing for complex and volatile task environments. *Academy of Management Journal, 44*(6), 1281–1299. https://doi.org/10.2307/3069401

Chang, S. (2017). Localizing crisis management models: Cultural considerations in adapting ICS in Asia. *Journal of Emergency Management, 15*(2), 101–110.

Coombs, W. T. (2007). *Ongoing crisis communication: Planning, managing, and responding* (2nd ed.). Sage Publications.

Coombs, W. T. (2015). The value of communication during a crisis: Insights from strategic communication research. *Business Horizons, 58*(2), 141–148. https://doi.org/10.1016/j.bushor.2014.10.003

Farcas, D., Negoita, M., & Popescu, C. (2021). Enhancing organizational resilience through incident command systems. *Journal of Risk and Crisis Management, 9*(1), 55–67.

Federal Emergency Management Agency. (2017). *National incident management system*. U.S. Department of Homeland Security. https://www.fema.gov/national-incident-management-system

Fink, S. (1986). *Crisis management: Planning for the inevitable*. AMACOM.

Hillson, D. (2004). *Effective opportunity management for projects: Exploiting positive risk*. Marcel Dekker.

Institute of Risk Management. (2020). *A short guide to risk appetite*. https://www.theirm.org

Kaplan, R. S., & Mikes, A. (2012). Managing risks: A new framework. *Harvard Business Review, 90*(6), 48–60.

Isaacson, W. (2021). *The code breaker: Jennifer Doudna, gene editing, and the future of the human race*. Simon & Schuster.

Lengnick-Hall, C. A., & Beck, T. E. (2005). Adaptive fit versus robust transformation: How organizations respond to environmental change. *Journal of Management*, 31(5), 738–757.

Kaplan, S., & Garrick, B. J. (1981). On the quantitative definition of risk. *Risk Analysis, 1*(1), 11–27.

Meadows, D. H. (2008). *Thinking in systems: A primer*. Chelsea Green Publishing.

Mitroff, I. I. (2001). *Managing crises before they happen: What every executive and manager needs to know about crisis management*. AMACOM.

PR Daily. (2025, March 14). Kamala Harris' PR strategy in 2024. https://www.prdaily.com

Seeger, M. W., Sellnow, T. L., & Ulmer, R. R. (2003). *Communication and organizational crisis*. Praeger.

The Guardian. (2025, June 29). Biden's poor debate performance sparks concern. https://www.theguardian.com

Ulmer, R. R., Sellnow, T. L., & Seeger, M. W. (2018). *Effective crisis communication: Moving from crisis to opportunity* (4th ed.). Sage Publications.

Vanity Fair. (2025, July 2). Inside the White House: Biden's health debate. https://www.vanityfair.com

Chapter 5 領導者在路上 從矩陣風險認知到決策行動

　　在危機管理的學術研究與實務操作中,「危機矩陣」(Crisis Matrix)逐漸成為重要且必備的工具之一。透過以視覺化方式呈現風險事件的兩個關鍵維度:「發生機率」與「衝擊程度」,危機矩陣協助決策者快速辨識風險優先次序,精準地投入資源並制定有效的管理策略(Coombs, 2007; Fink, 1986)。在本章「危機矩陣」的討論中,我將巨大機械創辦人劉金標73歲環島的品牌行動,置於SCCT理論的「非歸責型危機」區塊中的預備型策略進行分析。雖然當時捷安特並未面臨實質危機,但劉金標透過「真實性行動」主動傳遞品牌價值,形成了低風險下的高聲望投資(reputation capital investment),這正是情境式危機傳播理論(SCCT)所推崇的長期韌性建構作法。

　　在危機矩陣的四象限中,劉金標的行動對應於「低危機高責任」這一區塊,意味著雖然外部環境未出現品牌風險,但領導者自覺仍須承擔起品牌願景實踐的責任。這樣的角色,不僅是企業經營者,更是文化意志的實踐者。他不倚靠廣告、不假他人之手,而是親身走入風雨、丈量島嶼,將品牌的靈魂透過身體力行寫進土地。

更關鍵的是，這場行動為日後可能的危機建立了強韌的情感信任資產。在SCCT架構中，這屬於「形象鞏固型資本（image bolstering）」，使組織在未來若面臨任何負面事件時，能迅速喚起社會大眾對品牌核心價值的正面回憶，形成保護傘效應。

1｜危機矩陣的基礎與核心概念

❶ 危機矩陣的定義

危機矩陣是一種系統化的風險評估工具，主要目標是將可能的風險事件分類並視覺化，幫助管理者直觀地瞭解並掌握不同風險事件的嚴重程度與可能性。透過矩陣定位，管理者可以有效地決定應該投入多少資源進行風險預防、監控與應對（Kaplan & Garrick, 1981）。

❷ 危機矩陣的基本架構

危機矩陣（Crisis Matrix）可作為風險視覺化與分類管理的決策工具，主要將風險依照兩大維度，「發生機率」與「衝擊程度（影響程度）」交叉分類，構成一個四象限矩陣圖表。每一象限代表不同類型的風險情境與管理優先順序，協助組織快速辨識、分類與資源配置。

此架構最大的價值在於：它將原本抽象模糊的風險概念具體量化與定位，並清楚地告訴管理者「哪些風險要立即處理、哪些可以觀察、哪些可容忍」，從而強化組織的危機預防與應變能力。透過視覺

化的呈現方式，危機矩陣使跨部門的溝通更有共識，也讓策略討論能有具體依據。這也是為什麼危機矩陣在企業、政府、醫院、學校、非營利組織等各種機構中被廣泛運用，成為風險管理制度中的核心工具之一。危機透過這種架構，組織可將抽象且複雜的風險明確地視覺化，幫助管理者做出迅速且精準的資源分配決策（Kaplan & Garrick, 1981）。

危機矩陣圖可構成四大風險類型：

①重大風險（High Risk）高機率 × 高衝擊

此象限的事件具高度危險性，影響重大且極可能發生，可能會對組織產生重大負面影響，屬於組織最應優先處理的風險類型，且有極高機率發生，管理者應立即採取積極行動，包括資源投入、立即應對措施和危機預防計畫（Hillson, 2004）。

- 常見例子：個資大量外洩、工安死亡事故、系統全面癱瘓、企業財務危機。
- 對策：立即啟動危機應變機制，投入大量資源應對，強化監控與領導決策，建立「黃金時間」回應制度，確保損害控制在最小範圍（Hillson, 2004）。

②潛在風險（Potential Risk）低機率 × 高衝擊

這個象限事件雖然機率較低，但一旦發生將造成嚴重後果，管理

者應制定事前的預防與備援計畫,並定期進行演練以維持應變能力,例如大型天災或全球疫情。此類事件往往難以預測,可能引發公眾恐慌或長期影響。

- 常見例子:重大天然災害(如地震)、疫情大流行、政治或法律突變、恐怖攻擊。
- 對策:須提前擬定備援計畫、建立異常通報系統與定期演練,提升組織韌性與跨部門協作力。

③ 操作風險(Operational Risk)高機率 × 低衝擊

發生頻繁,但每次衝擊不大,主要來自人為疏失或日常流程缺陷。若長期未改善,易成隱性危機累積來源。組織通常透過優化日常管理程序與內部改善即可有效應對,例如系統故障或客服投訴。

- 常見例子:客服抱怨、資料輸入錯誤、內部流程延誤、報表格式出錯。
- 對策:強化SOP、員工訓練、流程改善,導入品管與稽核制度,避免頻繁小錯堆疊成災。

④ 可接受風險(Acceptable Risk) | 低機率 × 低衝擊

偶有發生,影響輕微,不致影響組織整體運作。常屬於日常波動或小範圍管理者僅需基本監控即可。

- 常見例子:臨時停電、小型內部糾紛、非核心人員短缺、設

備短暫異常。

◉ 對策：基本監控即可，無需大量資源介入，僅建立通報與記錄系統。

❸危機矩陣的實務應用情境

危機矩陣已被廣泛應用於企業風險管理與公共政策領域。例如，台灣半導體龍頭企業台積電（TSMC）在其年度風險報告中，定期利用危機矩陣進行風險分類，評估並針對重要風險採取積極的防範措施（台積電，2025）。同時，世界經濟論壇（WEF）每年發布的《全球風險報告》亦使用危機矩陣，為全球性的風險進行分類與排序，協助國際組織和各國政府制訂有效的危機應對政策（World Economic Forum, 2024）。

危機類型矩陣表

機率高低（機率高↕機率低）	操作風險（Operational Risk）高機率 × 低衝擊	重大風險（High Risk）高機率 × 高衝擊
	可接受風險（Acceptable Risk）低機率 × 低衝擊	潛在風險（Potential Risk）低機率 × 高衝擊
	衝擊性（衝擊小⟵⟶衝擊大）	

❹ 危機矩陣的管理意涵

危機矩陣並不僅止於一種分析工具，更是一個動態的管理策略框架。透過矩陣進行風險識別和排序後，組織能清晰地進行以下管理決策：

1. 資源優化配置：將有限資源集中於高風險區域，避免資源浪費。
2. 提升危機反應速度：迅速辨識高優先級事件，有效提升應變速度與效率。
3. 加強風險溝通：清晰的視覺化工具有助於內部溝通和跨部門協作，降低溝通成本並提高危機處理效率（Hillson, 2003）。

透過危機矩陣，組織不僅能及時識別風險，也能建立系統性與戰略性的應對方式。更重要的是，矩陣的使用也促進了組織內部對風險的認知與敏感度，進一步推動「風險意識文化」的建立，這將使組織能更具韌性地應對未來的不確定性。

2｜危機矩陣的延伸應用與策略決策力

危機矩陣的應用不應止步於靜態的風險分類，更應成為策略思考與行動部署的起點。隨著組織面臨的風險日益多樣與動態，危機矩陣逐漸發展出延伸應用版本，例如「三維危機矩陣」、「情境導向危機矩陣」與「動態風險熱圖」等，進一步協助組織將風險分類結果轉化

為具體行動方案（Meadows, 2008）。

首先，危機矩陣可與情境分析（scenario analysis）結合，預測不同情境下風險變化。例如在氣候變遷管理中，保險公司會建立多種極端天氣模擬模型，將其代入危機矩陣中，以協助判定是否需要調整風險保費、建立再保機制或更改資產配置策略。這種結合風險矩陣與模擬預測的應用，讓管理決策更為前瞻且有彈性。

其次，危機矩陣也可支援跨部門決策平台的建立。例如在醫療機構中，醫療風險（如手術失誤、院內感染）與營運風險（如設備老化、網路資安）原本屬於不同部門監管，但透過統一的危機矩陣框架，可將這些風險納入同一評估體系，並以整體資源優化為目標進行決策討論（Hillson, 2004）。這有助於打破部門之間的資訊孤島，提升危機治理的整合度。

此外，危機矩陣的應用也促使組織從「反應型」轉向「預測型」決策文化。透過長期資料累積與風險趨勢監測，組織可以發展出自己的風險預警系統，並定期更新危機矩陣內容，使其不只是靜態工具，而是動態管理平台。例如航空業者會定期根據過去12個月的事件報告調整危機矩陣，以評估航線安全、機師訓練與維修程序的相對風險，進而調整內控與資源配置（Fink, 1986）。

總結而言，危機矩陣的價值不僅在於風險視覺化，更在於其為策略行動建立了明確且科學的依據。當危機矩陣與組織的資源規劃、情境預測與部門協作緊密連結時，其所發揮的決策效能將遠超過圖表本

身，使組織得以從複雜風險中洞察機會、化危為安。

3｜危機矩陣與策略情境的整合應用

隨著風險環境日趨複雜，單一的危機矩陣雖可視覺化風險，但若無與策略情境整合，仍難達成組織韌性與行動敏捷性的目標。因此，近年來危機矩陣應用趨勢已由「風險排序」進化為「情境導引決策系統」（scenario-driven decision system），協助組織不僅識別風險，更能根據不同策略場景建構應變路徑。

第一，透過「策略模擬矩陣」（Strategic Scenario Matrix），企業可同時評估在各類戰略布局下，特定風險對營運的實際影響。例如在全球供應鏈斷裂風險高漲之際，企業可針對「集中採購」與「分散布局」兩種策略場景，模擬風險在矩陣上的位移，進而提前部署對應的採購模式與倉儲設計（Kaplan & Mikes, 2012）。

第二，在跨產業應用上，政府、企業與非營利組織亦可採取「情境導向危機工作坊」（Scenario-Based Crisis Workshop）作為決策共識平台。透過邀請不同部門參與，根據危機矩陣中的高風險象限進行策略演練與腳本推演，達成「跨界情境認知」與「協同應變規劃」的雙重目標（Meadows, 2008）。

第三，矩陣也能與數據分析技術結合，發展「即時危機回應儀表板」（Crisis Response Dashboard），將實時監控數據導入矩陣中，自

動計算風險熱度與潛在影響,並以圖像化方式提供管理者決策依據。例如某醫療體系導入AI輔助分析平台,根據醫療事故、人力流動、感染指標等數據自動標示紅色警戒區域,使得指揮中心可即時掌握風險分布,並即刻啟動預定行動計畫(Fink, 1986)。

最後,危機矩陣的整合應用也促進「持續學習文化」的建立。每一次危機事件發生後,組織應將矩陣調整與情境反饋納入知識管理體系,進行事後分析(post-crisis analysis),作為下次決策與訓練演練的參照依據。如此不僅強化組織學習機制,也能不斷優化矩陣模型,使之更符合現實世界風險動態的複雜性(Hillson, 2004)。

4｜領導者在路上:劉金標環島與SCCT在品牌行動中的實踐

危機未起時的信任布局,預備策略的最佳典範

在本章開頭,我們建立了「危機矩陣」(Crisis Matrix)的四象限架構,用以判讀不同類型的危機場景與應對方式。而劉金標於2007年發起的單車環島行動,雖未起於任何明顯風險事件,卻可視為企業在「無形危機」中主動布局形象防線的範本。

Coombs提出:「組織在危機發生前,若能持續進行聲譽資本的投資,將大幅降低未來危機爆發時的負面波動。」這種概念稱為**形象鞏固策略(Bolstering Strategy)**,強調在平時即累積信任,而非危機來

時臨時搶救。

❶危機矩陣定位：低危機 × 高責任

在「危機矩陣」中，劉金標的環島行動位於「低危機、高責任」象限。雖無明顯的外部挑戰或品牌損傷，但作為企業創辦人，他選擇在高齡之際走上路途，無疑是對品牌承諾的一種深刻實踐。這不只是為自己完成夢想，更是為捷安特品牌在未來可能遭遇的信任挑戰，鋪設一條強韌的道路。

❷從信任資本到行動資本：品牌靈魂的實踐

品牌可以說得再多，但真正打動人心的，是「信任被看見的方式」。劉金標深知，品牌不只是販售產品，更是傳遞價值與生活態度。他沒有選擇浮面的媒體炒作，而是用最困難也最真實的方式，踩在炙熱的柏油上、翻越濕冷的花東山路，親身走出一段屬於捷安特的信任之路。在他環島前兩個月，我便以《聯合報》記者身份陪他到淡水自行車道練習。那是一段靜靜累積的旅程。他並未張揚，只是一步一步把品牌的意志踩進每一吋土地。環島途中，我也陪他一同騎行，親眼見證這位企業領袖如何用行動詮釋捷安特所承載的夢想：這不只是一台單車，更是一種可以跨越年齡、階級與地形的生命意志。

鮮少人知道，他首次環島從雲林前往嘉義的路段曾發生小車禍。當時他對我說：「我身體還好，但是希望這件事不要被報導出去。」

不是因為懼怕,而是他希望不要因為這個小危機而影響整個環島計畫,更在意品牌形象被外界誤解。他相信領導者要為品牌承擔一切,包括風險與誤解。

還記得從高雄前往恆春車城的路上,他的身體已感到不適。那晚他默默就醫後休息,隔天仍堅持挑戰環島中最艱難的一段,由車城翻越南迴進入台東大武的長坡山道。我當時就騎在他的正後方,看著他以73歲高齡,咬牙騎完那條長達數十公里的山路。當抵達目的地時,他的笑容讓我動容。

我問他:「你身體不舒服,為什麼還堅持不休息?」他笑說了一句:「因為我身邊有一位聯合報記者,我怕中途上車後勤補給會被報導出去,會影響公司的形象。」那一刻,我真正理解了何謂「在路上的領導者」。不是因為他想被看見,而是因為他知道:「如果領導者不願承受痛苦與真實,品牌就不會被真正相信。」

他,是我見過最堅毅的企業家之一。

❸「現在不做,以後就不會做了」:勇者的品牌哲學

在SCCT中,企業面對非危機時期的策略行動,被視為一種「聲譽韌性建構」(reputational resilience building)的努力。而這一切的起點,來自領導者對時機與行動的深刻洞察。在我耳中,17年前劉金標那句:「現在不做,以後就不會做了」,並不是浪漫口號,而是一種面對生命與使命的自覺,他在挑戰自己,更在無形中帶給台灣一個韌性的新生

命。在面對危機時，品牌不只需要口號，更需要可以被社會驗證的過去行動。這就是SCCT所謂的「形象強化語境（contextual bolstering）」，而劉金標的環島，正是這樣一段具有深度意義的語境構築。

❹危機矩陣的反思與行動指引

透過這個案例，我們重新學會了一件事：危機管理不是從危機開始，而是從信任開始。領導者是否願意「上路」，不只是對個人精神的考驗，更是組織能否在風暴來臨前建立起韌性結構的關鍵。鼓勵每一位領導者、每一間企業，在平靜無事時期，就思考：你們的品牌，有沒有「在路上的領導者」？你們是否已經用真實的生命故事，為品牌預備了未來面對危機的防火牆？

❺從「危機矩陣」到「行動預備圖譜」：在路上，不只是移動，更是戰略布局

如果說「危機矩陣」提供了一種思維工具，協助我們辨識不同危機的嚴重程度與責任歸屬，那麼「行動預備圖譜」則更像是一幅地圖，引導企業如何在尚未觸發危機的階段，主動創造意義、布局聲譽韌性。

在劉金標的環島行動中，我們看到的不僅是一個人的體能挑戰，而是一種品牌價值「主動呈現」的典範策略。他不是在等待問題發生後才修補裂縫，而是在品牌還未出現裂縫前，就用親身實踐去填補信

任的空白。

「品牌信任是持續性的行動累積,而非單次事件的修補工程。」

因此,企業若要在未來風險中保持穩健,需將「非危機期的領導實踐」納入風險管理的一部分。而劉金標環島正是這類「預備性實踐」的經典例證,值得被納入企業內部的品牌教育、員工訓練與ESG報告中。

❻在路上的勇氣,是最長遠的危機預備

在這個資訊爆炸、信任稀缺的年代,企業面對的不再只是傳統的財務或營運危機,而是「信任的崩壞速度遠快於建立速度」的時代風險。

而在這樣的世界裡,領導者是否願意「親自上路」,是否能以生命的溫度、堅持的軌跡,為品牌標記出一條有故事的信任曲線,將決定未來當風暴來襲時,群眾是選擇背對,還是選擇相挺。劉金標的故事給我們的不只是感動,更是一種「永遠早於危機一步」的品牌策略思想。

因為他證明了:**危機管理的開始,從來不是危機發生的那一刻,而是你決定走上品牌實踐之路的那一刻。**

參考文獻

Coombs, W. T. (2007). *Ongoing crisis communication: Planning, managing, and responding* (2nd ed.). Sage Publications.

Fink, S. (1986). *Crisis management: Planning for the inevitable*. AMACOM.

Hillson, D. (2003). *Effective opportunity management for projects: Exploiting positive risk*. Marcel Dekker.

Kaplan, S., & Garrick, B. J. (1981). On the quantitative definition of risk. *Risk Analysis, 1*(1), 11–27. https://doi.org/10.1111/j.1539-6924.1981.tb01350.x

Meadows, D. H. (2008). *Thinking in systems: A primer*. Chelsea Green Publishing.

台積電. (2025). *2025年風險管理與永續報告書*。

World Economic Forum. (2024). *The global risks report 2024*. https://www.weforum.org/reports/global-risks-report-2024/

Chapter 6 ｜名人危機風暴 媒體放大效應下的應對方針

　　韓國男星金秀賢捲入與已故女星金賽綸間疑涉未成年交往的爭議。事件曝光後迅速引發輿論風暴，不僅重創個人聲譽，也引發對韓國性別與保護法制的激烈討論（蘋果新聞網，2025）。本章將以危機傳播管理理論為基礎，深入分析其應對失誤，並提出對應策略建議。

1｜從金秀賢危機事件的傳播應對談危機傳播管理理論

❶金秀賢的危機應對三大失誤：從SCCT與形象修復理論觀察
①延遲回應，輿論真空，錯失黃金時間

　　延伸SCCT進行分析，此案屬於「道德爭議型危機」（intentional crisis），應採取修補策略如道歉、補償與具體行動。但他錯失黃金時間，延遲21天才發布聲明，且未開放媒體提問，造成輿論真空，進一步引爆第二波風暴（Newtalk新聞，2025；經濟日報）。

②模糊澄清，忽略形象修復，形象修復無效

Benoit提出的形象修復理論（Image Repair Theory）指出，危機語言應包含明確道歉與責任承擔（Benoit, 1995, 1997）。然而金秀賢僅以「我是醉鬼與惡魔」等模糊說詞避重就輕，未具體釐清事實，也未對被害者家屬表達明確歉意，未能有效進行形象修復，導致形象修復無效。

③缺乏資訊透明與社會關聯溝通

根據Ulmer、Sellnow與Seeger（2018）的觀點，危機應對需維持資訊透明，並積極回應利害關係人（stakeholders）需求。金秀賢及其團隊選擇高度控管訊息與媒體，未與粉絲、家屬或社會輿論場進行正面溝通，錯失信任重建契機。

④社會制度背景：危機升級為改革推手

事件發酵後，引發五萬人連署支持《金秀賢防治法》，主張將韓國性同意年齡由16歲提升至19歲（蘋果新聞網，2025）。此一發展顯示，此案已由單一名人危機，轉化為制度改革的引爆點。若金秀賢能主動回應社會期待，將危機導向「公共對話與制度參與」，將有助於品牌與信任的長期修復。

2｜三大危機脫困策略與路徑

❶展現誠意道歉，修復情感連結

根據Lazare（2004）提出的「道歉五要素模型」（The Five Elements of a Sincere Apology），有效的道歉應包含五個核心要素：

1. **承認錯誤**：明確指出自己在事件中的錯誤行為，避免模糊語言。
2. **表達悔意**：傳達真誠懊悔與同理心，讓受害方感受到尊重與關心。
3. **解釋原因**：釐清事件發生的脈絡，協助社會理解其決策背後非惡意。
4. **提出補救措施**：表明即將在進行的具體行動，如捐助、出席聽證會或協助立法。
5. **承諾未來改善**：公開承諾將進行行為調整、價值更新或接受專業輔導等。

❷積極參與制度倡議，強化社會責任形象

名人若能將危機導向公益參與，將能逆轉輿論態勢。例如：主動支持青少年保護政策、參與性平教育倡議、捐款成立教育基金會，或與相關組織合作推動法案。這類行動不只是形象管理，更是價值回應。

❸低調自省，營造再出發的空間

危機後期不宜貿然復出或高調現身，應適度淡出公眾視野，進行內部團隊整頓與心理支持作業。例如：關閉社群帳號一段時間、暫停公開活動、進行團隊溝通訓練與危機重建規劃，讓社會看見誠懇而有準備的態度，為日後復出留下空間。

危機雖無法完全避免，但正確的應對策略可以減輕損害，甚至促成轉機。金秀賢事件反映了名人危機的高度風險與社會影響力，也提醒所有公眾人物：在資訊透明與價值對話時代，沉默與模糊不再是安全選項，誠意與策略並進才是危機管理的核心。對於金秀賢而言，唯有誠懇、公開與負責任的態度，才能止血止損，為演藝人生留下另一種可能的未來。

3｜大眾傳播如何放大危機的影響力？

❶議題設定理論（Agenda-Setting Theory）

McCombs 與 Shaw指出，媒體不決定人們「該怎麼想」，但決定人們「關注什麼」（McCombs & Shaw, 1972）。當某個事件被反覆報導，其重要性在公眾認知中便隨之上升。媒體將某一事件置於首要位置的過程，也會決定大眾社會接下來的討論焦點。

例：若校園內部的學生衝突未被澄清，媒體頻繁以「霸凌」為框

架進行報導,將使公眾對事件形成偏頗認知,進而將內部問題放大為公共危機。

❷框架理論(Framing Theory)

Goffman提出,媒體透過特定的敘述角度、用詞與情緒鋪陳來「框定」事件,導致受眾對相同事件產生不同解讀與情緒。不同的框架方式,會塑造觀眾的知覺、態度與行動傾向(Goffman, 1974)。

例:報導標題若為「校方積極處理學生衝突」與「學校放任霸凌數月」,即使內容相似,卻會導致截然不同的輿論反應。

❸沈默螺旋理論(Spiral of Silence Theory)

Noelle-Neumann認為,當個人意見與主流觀點相左時,可能選擇沉默以避免孤立,進而使主流觀點愈加壯大,形成輿論壓倒性優勢。在危機傳播中,若有關單位選擇沉默,將可能被媒體或其他利害關係人「代言」,失去主導權。在危機中若組織未及時表態,將可能被主流媒體敘事邏輯主導,使不同觀點被邊緣化,難以翻轉。

❹知覺風險與媒體恐慌(Mediated Risk Perception & Moral Panic)

當媒體不斷渲染某類危機(如疫情、校園暴力),即便實際風險不高,仍可能導致群體性焦慮與政策過度反應。這也凸顯危機溝

通必須建立在透明與科學基礎之上，方能避免「恐慌性政策」的產生（Seeger et al., 2003）。

4｜新聞學視角下的媒體行為預測

Galtung 與 Ruge 提出的新聞價值理論指出，媒體偏好報導具備以下特徵的事件：

- **衝突性（Conflict）**：內容涉及對立或爭議。
- **顯著性（Prominence）**：牽涉到知名機構或人物。
- **否常性（Unexpectedness）**：違反社會預期與常規。
- **連續性（Continuity）**：事件可持續報導與追蹤。
- **接近性（Proximity）**：地理或心理距離較近的事件更受關注。
- **情感性（Emotional Impact）**：能激發觀眾情緒者更容易被媒體採用。

當危機事件具備上述條件時，媒體介入速度與深度將大幅增加，新聞風暴便會迅速成形。若組織未能在初期設下敘事框架，將被媒體建構的「版本」主導，後續澄清困難重重。

5｜數位社群與傳統媒體的共振效應

在社群媒體時代，Dcard、PTT、Facebook、X（原 Twitter）等平

台成為輿論發酵的溫床。記者常從社群輿論中擷取素材，反過來再由主流媒體放大報導，造成「媒體與社群」的雙向擴散。這種「資訊回音室效應（Echo Chamber Effect）」與「輿論雪球效應（Snowballing Effect）」將危機轉化為集體情緒與社會關注，並進一步擴大其影響範圍。除了傳統記者與社論平台之外，YouTuber、KOL（Key Opinion Leader）與政治網紅等「次級傳播節點」也會在危機中扮演重要角色。他們的評論、惡搞影片、懶人包與陰謀論，往往比官方說明書更具傳播力。

因此，危機傳播管理的第一步不是「滅火」，而是「照明」：為受眾提供清楚、可被信任的訊息出口。唯有理解媒體運作與新聞產製邏輯，組織才能主動參與敘事過程，進而爭取危機中的話語權與信任資本。

唯有積極參與傳播戰場，組織才能避免陷入媒體與群眾雙重審判的風暴中。

面對這些挑戰，組織須做到以下三件事：

1. **資訊即時回應機制**：建立24小時輿情監測系統，第一時間掌握媒體與社群走向。
2. **主動設定議題語境**：避免「被回應」，轉為「主導話題」，例如主動開記者會、發社群短影片說明事件脈絡。
3. **訓練組織發言人**：危機來臨時，誰來說話、怎麼說，決定了危機是被緩解還是升溫。

6｜宣傳技巧的基本概念

在資訊爆炸、真偽難辨的後真相時代，我們必須知道宣傳技巧才能了解怎麼對應這些輿論新聞操控手法。

美國總統唐納・川普（Donald Trump）每天皆是全球的焦點，有人說他是話題的製造者，也有人說他就是口無遮攔，但事實上，他是一位了解宣傳技巧，並且得以將宣傳技巧靈活應用的高手，

1938年二戰爆發期間，美國「宣傳分析研究所」（Institute for Propaganda Analysis, IPA）提出七種經典的宣傳技巧，是為了培養識別操控性訊息、提高批判性思考能力（Institute for Propaganda Analysis, 1938），七種技巧更無非就是要用在戰時，透過宣傳贏得勝利。傳播學者翁秀琪教授也在《大眾傳播理論與實證》一書中，整理這七種技巧作為新聞與政治傳播的基本識讀工具，用以教導學生如何辨識媒體操作。這以下將七種技巧與川普在選戰時的應用比對，會發現七種技巧在他手中運用得淋漓盡致。

❶咒罵法（Name-Calling）

這種技巧藉由貼上貶抑性標籤，使聽眾對對象產生負面情緒，而非理性判斷（Institute for Propaganda Analysis, 1938）。川普在競選期間大量使用諸如「Sleepy Joe（瞌睡喬）」、「Crooked Hillary（邪惡希拉蕊）」、「Fake News（假新聞）」等標籤，簡化對手形象，強化自我

認同。他深知「語言就是品牌」，只要重複足夠次數，即可讓對手形象在潛意識中崩塌。

❷粉飾法（Glittering Generalities）

這是一種用充滿情感正向價值的詞彙，如「自由」、「正義」、「偉大」等，來引導群眾情感（IPA, 1938）。川普的「Make America Great Again」正是典範之一。它不具體、不解釋、不落實，卻因此而強大，它是一種信仰的號召，一面無需辯駁的旗幟。他懂得情感比道理更有力量。

❸轉移法（Transfer）

此技巧將某些正面象徵（如國旗、宗教、軍隊）的情感轉移到自己身上，製造正當性（IPA, 1938）。川普在演講時經常身披國旗背景、手持聖經、出席軍事場合，使愛國與信仰這些集體象徵與其人產生連結。他讓「川普」這個名字，與「美國價值」的意象緊密交織。

❹見證法（Testimonial）

藉由名人或專家的背書，使宣傳內容獲得信任感（IPA, 1938）。川普不僅廣邀名流站台，還讓家人（尤其是伊凡卡）在全國轉播中稱頌他的成就，更重要的是，他將自己在《誰是接班人》節目的形象轉化為現實、成功、強勢、不容質疑。他懂得如何「自己證明自己」。

❺平民法（Plain Folks）

在傳播理論中，這種策略可視為「形象平民化」（image downshifting），亦即政治領導人藉由與一般民眾共享日常場域與語言，形塑「我和你一樣」的同理感與接地氣形象（Street, 2004）。

川普在競選期間親赴麥當勞門市打工，其目的在於展現對美國基層勞動者的「真誠理解」，並藉此釋放出一種「我和人民站在一起」的象徵訊號。《遠見雜誌》報導。他身穿圍裙、親手炸薯條、裝盒漢堡，扮演麥當勞員工角色。這一舉動是高度符號化的政治傳播策略，展現出他一貫採用的「平民法」傳播技巧（populist communication technique），試圖拉近與藍領群體的距離。川普雖然身家億萬，卻將自己塑造成與「普通人」一樣。川普以「川普套餐」的方式重返速食場域，不僅喚起支持者的熟悉感，更透過對賀錦麗速食工作經歷的嘲諷，轉化議題焦點並鞏固支持群。

❻堆砌法（Card Stacking）

選擇性呈現資訊，強調有利事實、忽略不利事實，以操控認知（IPA, 1938）。川普執政期間持續強調經濟表現與就業數據，卻淡化疫情初期的政策失誤與種族議題的緊張。他精於使用推特這一直接管道，建立自己的「信息高牆」，讓支持者活在一個他設計的邏輯世界中。

❼ 跟風法（Bandwagon）

營造「大家都在支持」的氛圍，誘導個體加入（IPA, 1938）。川普的造勢活動人山人海，他常誇耀自己「創造歷史新高」、「擁有最強支持者」，以此吸引中間選民趨向「大多數的選擇」。他懂得，沒有人願意站在「輸家」一邊。

川普不是宣傳技巧的發明人，但他聰明的使用這些技巧

川普的成功來自將1930年代的宣傳工具，轉化為21世紀的選戰利器。在資訊極度碎片化的當代，他讓七個技巧重回舞台，並賦予新的能量與速度。他讓我們看到：語言不僅是溝通工具，更是權力的投射。在後事實的時代，懂宣傳者勝出，而川普正是這場比賽中，最令人矚目的高手。

7｜危機來臨時的媒體攻防與組織應變機制

了解宣傳的技巧後，就知道當危機風暴來襲，媒體就是第一道風浪。

有的媒體會藉著危機展開宣傳獲得利益，媒體的特性就是湧入、追問、放大與詮釋，因為這些都能讓媒體贏得關注與提升收視率，這不是因為媒體敵意，而是因為它的角色使然。所以若組織沒有第一時

間控制訊息、掌握傳播危機，媒體會為了找尋更多消息，將轉向外部線索、網路留言與非正式資訊，造成訊息失控。

因此切記，危機來時，沉默不是穩重，是放棄。不回應不是保護自己，是將主導權交給他人。

❶組織控管：政府面對颱風的災情應變機制

在台灣，每逢強烈颱風來襲，中央與地方政府會立即成立「災害應變中心」，由指揮官（如行政首長）親自坐鎮，並設置各小組（氣象監測、交通管制、疏散協調、媒體通報等），每小時召開記者會，統一口徑，提供即時資訊。危機不僅是管理問題，更是傳播工程。如無一個即時、具備資訊整合與對外溝通能力的單位，整個系統就會陷入「資訊碎裂與責任漂移」的風險中（Fink, 1986）。

❷危機發生時必須立刻啟動「危機傳播小組」
（Crisis Communication Taskforce）

危機傳播小組不應視為臨時應付的編組，而是常態準備中的快速反應中樞。其目的在於即時統整訊息、對外應變、穩定內部。

建議小組架構如下：

危機傳播小組職務架構表

職責角色	任務內容
發言人	統一對外訊息、出席記者會、傳達立場與行動
傳播總管	負責新聞稿撰寫、訊息審核、媒體應對策略設計
媒體聯絡人	對接記者問題、排定訪問、媒體回應窗口
社群監控員	監控社群平台動態（Dcard、PTT、IG、FB）、即時通報
資料處理員	提供事實與數據支持，準備問答稿與QA包
危機紀錄員	記錄處理流程與外界反應，供後續檢討與訓練用

小組的存在不只是幕後運作，更是一種公開展現組織誠意與透明度的實質作為（Ulmer, Sellnow, & Seeger, 2018）。

❸啟動危機傳播小組的條件與指標

何時應啟動危機傳播小組？以下為常見判斷標準：

- 媒體已主動詢問／開始報導。
- 社群出現批量留言、負評、搜尋熱度暴增。
- 內部事件可能擴散至公眾領域（如校園性平、產品召回、主管失言）。
- 主管機關已介入或表態。
- 事件具情緒性、價值性，與社會正義／安全／公平相關。

一旦符合上述任一條件，應立即召集小組進行「30分鐘內快速會議」，分派任務、擬定第一版聲明與發稿時程。

❹媒體不是敵人，而是對話場

若能轉念，將媒體視為公眾的代言人、資訊傳遞的橋樑，那麼「媒體攻防」其實可以轉化為「媒體合作」。危機傳播小組應秉持下列原則：

- 不欺瞞、不空話、不否認。
- 有資訊就主動說，沒有就說明「何時會公布」。
- 採用「三明治策略」：表達關注→說明事實→傳達承諾與行動計畫。

❺實務建議：建立平時演練與回顧機制

除了臨陣應變，平時的模擬演練與案例分析亦不可或缺。可透過以下方式強化組織應變能力：

- 每半年舉辦一次模擬危機演練（如記者會模擬、網路輿情危機）
- 建立內部危機事件資料庫，作為培訓教材與行動準則依據
- 每次危機後進行內部復盤（after-action review），累積組織記憶（Mitroff, 2001）

❻開啟緊急模式，讓組織持續運作中具備彈性

當你來得及說清楚，社會就不會自己下定義。記者會不是懲罰，而是你為自己發聲的舞台。危機不是要讓組織停止運作，而是讓「組

織正常中帶有反應力」。成立危機傳播小組，是讓組織學會在風暴中不失聲、不失序、不失信。

8｜危機過後的重生——聲譽修復與媒體信任再建的關鍵策略

危機的結束，並不代表風暴的完全平息。對一個組織而言，真正的挑戰往往從新聞畫面退場之後才開始。此刻，品牌必須面對一項艱鉅但極具轉機的任務：重拾信任、修補聲譽、重建媒體關係。

正如Fombrun與Van Riel所指出，「聲譽是一種可累積亦可耗損的資產」，它在危機中遭到重創後，唯有透過系統性修復與行動轉化，才能回到正向循環。以下提出三項修復策略，協助組織從危機的陰影中，走向韌性的光芒（Fombrun & Van Riel, 2004）。

❶誠實不隱藏：資訊透明是聲譽重建的第一磚

危機後的誠實揭露，不僅止於補充遺漏的資訊，更是一種面對錯誤的勇氣與擁抱改革的姿態。組織應定期發布調查報告、改進進度與制度檢討結果，主動回應媒體與大眾的期待，而非消極「冷處理」。

此做法可對應Coomb提出的「後危機策略」，其中「資訊補充策略」（bolstering strategy）強調透過公開透明展現責任感，以贏回外界信任。例如，新冠疫情初期，多家航空公司選擇主動揭露航班消毒紀

錄與員工檢測數據，反而增強消費者對品牌的信賴。

❷從接觸到深耕：強化媒體關係的信任工程

危機結束後，與媒體的互動不應停止，反而應更加主動。組織可安排高階主管接受深度訪談，發布後續行動新聞稿，或邀請記者參與改善成果展示活動，轉化過去報導的「受動者」角色，為「議題的參與者」。

此外，也應適時主動回應曾經提出批評的媒體與記者，表示感謝、釐清誤會或說明改革進展，建立彼此尊重的溝通關係。這種人際互動回應（interpersonal responsiveness）正是Goffman「面子理論」中的關鍵互動框架，能有效降低媒體對品牌的敵意預設（Goffman, 1974）。

❸品牌的逆風蛻變：以公益與價值對話重塑形象

品牌的復原不只是止血，更應轉向「蛻變」與「再定位」。組織可藉由推動永續發展計畫（ESG）、倡議社會公益、分享知識資源，回應社會議題與集體焦慮，讓品牌形象從過去的危機受損者，轉變為未來社會貢獻者。

這對應到Fombrun與Van Riel提出的「聲譽再投資模式」（Reputation Investment Model），亦與McCombs與Shaw的「議題設定理論」（agenda-setting theory）形成呼應，若能主動設定新議題，引導社會關注轉移與重構，將有助於品牌從負面形象中突圍。

危機之後，是信任的重建與價值的轉生

危機是品牌的低谷，但不一定是結束。若組織在風暴過後選擇沉默與回避，便可能讓公眾認為「你只是演完一場戲」；反之，若能持續行動、誠實對話，甚至開啟一場價值轉型之旅，則可讓危機成為組織成長的轉捩點。

回應Noelle-Neumann在1974發表的「沈默螺旋理論」（Spiral of Silence），企業若主動發聲、積極參與公共討論，即有機會改變「社會主流意見」的傾向，重新贏得社會對品牌的話語權。在媒體與公眾的世界裡，重建信任不是一場短跑，而是一場需要耐心與策略的馬拉松。每一步回應與修復，都是未來新聞報導的伏筆；每一項改革與行動，都是組織價值的證明。

9｜主動發布訊息、減少媒體猜測與擴散

危機時刻最大的敵人，往往不是事實，而是空白。在資訊尚未釐清之前，大眾的焦慮需要填補，媒體的版面需要素材，社群的留言需要方向。若組織沒有在第一時間提供清楚、有誠意的說法，媒體便會自行建構敘事框架，甚至轉向「不具名內部消息」與外部傳聞。這不僅讓組織處於被動，更容易引發二次風暴，讓原本可以管控的危機進一步失控。

❶媒體是訊息的放大器，也是想像的催化器

媒體依據其專業判準、新聞價值與組織需求，篩選與放大特定訊息。在危機情境下，媒體天然偏好衝突性、人物對立性與劇情性素材，這也意味著如果組織選擇沉默或冷處理，媒體將另尋說法來源，這些來源可能不具事實依據，卻極具話題性。

危機中，媒體不只是報導者，更可能成為敘事主導者。因此，組織必須理解媒體的運作邏輯，搶在「敘事真空」前發聲，才能引導框架、減緩放大效應，甚至將媒體轉化為協力夥伴，而非輿論風暴的催化器。

❷搶佔主導權的「3小時黃金策略」

危機初發的三小時，是組織掌握主導權的「時間窗口」，此時若能展現專業、誠意與行動力，不僅有助於媒體信任建構，也能安撫內外部利害關係人的不安。此策略分為三階段執行：

Step① 確認事實底線（30分鐘內）

- 啟動快速回報機制，確認目前掌握的資訊與尚待查證的部分。
- 初步應對可使用：「事件發生後，我們已立即啟動內部程序，目前正全力釐清真相。」此類說法展現誠意與積極，而非閃躲或推責。

Step ② 發布第一版聲明（60分鐘內）

- 傳達三大核心訊號：「我們知道（We're aware）」、「我們重視（We care）」、「我們處理中（We're acting）」。
- 利用官網、新聞稿、社群媒體等平台**同步發布**，維持一致性。語言應溫和、具同理性，避免官樣與冷漠語氣。

Step ③ 準備QA問答包（3小時內）

- 預測媒體與大眾可能提問，整理統一口徑的回應稿，讓所有發言代表皆能一致應答。
- 同時指定**單一窗口**對外發言，避免內部訊息混亂或矛盾傳播。若尚未掌握完整資訊，也可使用「我們會在XX時間內主動提供更新」作為承諾，維繫公信力。

❸ 建構訊息的「一致性金三角」

有效危機傳播的核心在於「訊息一致性」。無論是在記者會、社群貼文，或是內部公告中，若各管道所用語彙、數據、甚至情緒基調不一致，極容易引發媒體質疑與民眾誤解。因此，組織應建構「一致性金三角」的溝通架構：

危機傳播金三角架構表

組成單位	任務說明
發言人	作為對外窗口，需具備情緒穩定、語言精準與高公信力特質，代表組織立場進行公開發言。
傳播總管	負責撰擬新聞稿與審核公開用語，掌握危機語境與核心訊息，確保多渠道語言一致、語調穩健。
社群窗口	面對社群即時留言與輿論壓力，須快速反應、簡潔明確，語氣需貼近民意但不偏離組織立場。

這三角架構若能協同運作，將大幅減少「語言破口」、「訊息分歧」與「解讀錯亂」的風險，也避免因內部回應不一，反成輿論焦點。例如發言人說「正在了解」，而社群小編回應「不予置評」，就可能讓媒體質疑組織內部有矛盾或不透明。

❹新聞稿＋社群同步發布：雙軌發聲策略

面對媒體與社群輿論兩個主戰場，組織必須採取「專業＋情感」並進的雙軌傳播策略，即同步推出新聞稿與社群貼文，讓兩種平台的受眾都能接收到清晰訊息：

1. **新聞稿**：風格正式、邏輯清晰、結構完整，強調事實呈現與決策脈絡。適用於供記者引用、發布於官網新聞區及發送媒體信箱，協助媒體採訪與引用。
2. **社群貼文**：語氣需更具同理性，口吻溫暖、圖文搭配、資訊簡要但直白，適用於第一線安撫民意、澄清謠言與強化情緒連結。並可連結至QA專區、即時更新頁面。

兩者並行，可提升傳播精準度與回應速度。也讓組織不只「發聲」，更能「連結」，將危機中的回應轉化為信任累積。

❺守門人理論與「反主動回應」的風險

危機期間媒體會加速運轉，他們不會等待組織準備好再報導，而會主動蒐集資訊、建立事件敘事。根據Shoemaker與Vos（2009）守門人理論的進一步詮釋，媒體選擇報導素材的依據包含新聞價值、情緒張力與來源可得性。在無法獲得組織正式資訊的情況下，媒體將轉向「不具名消息人士」、「爆料者」、「前員工」、「社群截圖」等資訊來源，構成內容的邊界模糊、立場不明，卻情緒強烈的報導，這正是「推測報導」與「假訊息」的溫床。

如果組織未能主動發布訊息，或語言含糊、責任推諉，不僅坐失主導權，更可能成為次級危機的源頭。當事實失焦、情緒成為焦點時，組織將陷入疲於應對的惡性循環。

❻訊息掌握＝組織信任再建的起點

危機發聲的目標，不是一次到位說完所有答案，而是「建立持續對話的節奏」。即便初期資訊尚不完整，若組織展現誠意並願意定時更新，將可轉化為社會對組織「仍有誠信」的認同。這即是Ulmer等人（2017）所提出的「開放式溝通策略（Open Communication Strategy）」：以透明性、同理心與回應節奏建立再信任的起點。

企業如能架構週期性發言節奏（例如：每日12點更新一次官網與社群）、設置常見問答專區與媒體溝通窗口，即可讓大眾在混亂中找到「穩定的節拍」，從而降低不安、減少揣測。

❼ 主動發聲是信任經營的基礎

危機中的沉默常被社會解讀為冷漠、遲疑被解讀為心虛。主動發聲的本質，是為了保有「詮釋權」與「定義權」，是從混亂中自我定位的第一步。它不僅是應變策略，更是一種價值展現。

當社會期待的不是完美答案，而是坦誠與行動時，主動發聲將成為一種信任資本，你說話的方式、時間與語氣，就是重建信任的工具。唯有讓發言架構制度化、回應節奏模組化、語言情感化，組織才能在風暴中心穩住自己，也穩住人心。

中文參考文獻

經濟日報. (2025)。金秀賢神隱21天首度露面醫分析記者會重點只有這件事。
Newtalk新聞. (2025)。金秀賢記者會沒道歉金賽綸！家屬火大：無法理解為何持續否認。
蘋果新聞網. (2025)。韓民眾請願提高合法性交年齡《金秀賢防治法》達5萬人連署送審議。
邱拓慶（2024）。麥當勞有「川普套餐」？美國準總統熱愛速食，引發健康疑慮。《遠見雜誌》。取自：https://www.gvm.com.tw

英文參考文獻

Bivins, T. H. (2013). *Public relations writing: The essentials of style and format* (8th ed.). McGraw-Hill Education.
Coombs, W. T. (2015). *Ongoing crisis communication: Planning, managing, and responding* (4th ed.). SAGE Publications.
Fombrun, C. J., & Van Riel, C. B. M. (2004). *Fame & fortune: How successful companies build winning reputations*. FT Press.
Goffman, E. (1974). *Frame analysis: An essay on the organization of experience*. Harvard University Press.
Street, J. (2004). Celebrity Politicians: Popular Culture and Political Representation. *The British Journal of Politics and International Relations*, 6(4), 435–452. https://doi.org/10.1111/j.1467-856X.2004.00149.x
Ulmer, R. R., Sellnow, T. L., & Seeger, M. W. (2017). *Effective crisis communication: Moving from crisis to opportunity* (4th ed.). SAGE Publications.
Wilcox, D. L., Cameron, G. T., & Reber, B. H. (2015). Public Relations: Strategies and Tactics (11th ed.). Pearson.
Kovach, B., & Rosenstiel, T. (2007). The Elements of Journalism: What Newspeople Should Know and the Public Should Expect. Three Rivers Press.
Columbia Journalism School. (2024). CJS2030 Strategic Vision. Columbia University.

Chapter 7 讓世界看見
新聞是連結與理解的橋梁

新聞不是形式主義下的利己工具，內容夠真誠，它就能讓人靠近，新聞更是一場價值理念的真心溝通，寫作若是有靈魂，就能被記住。

1｜新聞是社會理解與信任的橋梁

新聞不只是傳遞訊息的工具，更是一種理解彼此、重建信任的語言行動。在我眼中，新聞是一座橋，一座橫越誤解與冷漠的橋樑，是人與人、群體與社會之間得以相遇、對話與共鳴的起點。新聞的意義，不只是「讓人知道」，而是「讓人懂得」，懂得這件事與我有關、與我們的世界有關。

這些年來，即使AI技術逐步介入寫作領域，新聞也早已進入演算法主導的時代，但我始終堅信，新聞寫作之所以仍然寶貴，是因為它承載著人類情感的溫度，真正動人的文章，不只是句子的組合與邏輯的堆疊，而是來自寫作者心中那股澎湃流動的血液與信念。

新聞寫作，不只是語言技術的展現，它更是一種世界觀與價值

的選擇，你選擇如何看世界，就會寫出怎樣的新聞；你選擇關注誰、發聲給誰、站在誰的立場，就決定了你新聞裡的價值排序。因為這樣的信念，我始終相信：一篇新聞可以讓被忽略的角落被看見，讓無聲的故事被聽見，也讓社會彼此更靠近一些。它不只是傳遞「發生了什麼」，而是透過人的理解與書寫，回應「為什麼這件事重要」。在這個人人都能發聲、資訊無所不在的時代，新聞人不只是擁有話語權的人，更是必須扛起辨識真偽、釐清脈絡、守護信任的責任者。無論當記者報導新聞，或是當一位公共關係人員要發布公關新聞，都不是為了要讓自己成為主角，而是為了讓真正該被聽見的人，走上舞台。

2｜我堅信新聞不能淪為形式主義的利己工具

任職《聯合報》記者期間，我看過成千上萬則公關新聞稿，其中絕大多數只是為了「曝光」而存在的形式性作品。它們多半堆疊著禮貌話語與形象標語，卻缺乏觀點、深度與情境溫度。我經常問自己：如果一篇新聞稿，沒有人真正願意讀完，那它還算是一則新聞嗎？在那樣的內容中，看不見受訪者的眼神、聽不見現場的聲音，這樣的傳播，只剩空殼。

我始終相信，新聞的價值不在於包裝，而在於「理解」與「連結」。一篇真正有力的報導，來自記者是否願意放下立場、貼近現場、設身處地為受訪者發聲。新聞所傳遞的，從來不只是資訊的格式，而是

一場關於價值、信念與公共責任的深度對話。新聞稿若只是為了說服媒體採用、或討好內部主管而寫，它終將成為一篇無效之文。

唯有當我們寫下的文字，能真正觸動人心、激發理解、促進公共討論，那才是一則值得存在的新聞稿，也是一位新聞人該有的初心。

2025年3月，我有幸擔任新聞報導獎評審，其中有一件作品令我至今難忘。那是一條來自資深媒體人方念華與《看板人物》團隊的建設性新聞報導，他們走進東海岸，深入採訪即將退場的技職學校：公東高工。這則報導動人之處，不僅在於揭示一所學校的生存危機，更在於透過細膩而平等的視角，讓社會重新看見偏鄉青年面對未來的孤獨與奮力。

方念華與團隊並未以高姿態陳述教育問題，而是選擇站在學生與教師的日常中，用他們的語言與眼神說話。他們捕捉到的不只是畫面，而是掙扎、堅持與渴望的溫度。透過鏡頭與文字，他們引導觀眾去問一個重要的公共問題：當教育資源分配如此失衡，社會是否還能為這些年輕人，多留一條希望的道路？

這正是一則新聞應有的力量，不是製造聲量，而是引發思考；不是定義現實，而是為被忽略的生命發聲。這也是身為新聞人，我始終珍惜並努力踐行的價值信念。在資訊流通比以往更快速、聲音比以往更多的時代，我們以為「知道」變得更容易，卻反而發現「理解」變得更困難，尤其當信任早已成為一種稀缺資源。新聞的價值，正是在於它不僅報導「發生了什麼」，更要揭示「這件事為什麼重要、誰應

該知道、社會又該怎麼回應」。新聞，是知識的公共財，是集體價值與社會記憶的刻劃者。它不只是事件的呈現，更是世界的轉譯。

東海大學校長張國恩教授，雖然過去從未從事新聞寫作工作過，卻始終以深刻的新聞敏感與公共倫理提醒我：「好的新聞稿，從來不是為了滿足內部的掌聲與掌控，而是要面對外部世界的理解與回應。」他說，一則新聞稿，不是為了發稿而發，不應只是包裝精美的宣傳文件，真正該做的，是清楚地讓社會知道，我們做了什麼、為什麼這麼做、我們的立場與信念是什麼。

新聞稿，不只是傳遞資訊，而是傳遞價值

在我從新聞媒體走向高等教育的這些年裡，無論是任職《聯合報》記者，抑或在臺師大與東海大學從事公共事務工作，每一篇對外發出的新聞稿，不論主題多麼日常，我都選擇親自撰寫或編輯修改。因為我深知：新聞稿不是單純的曝光機會，更不是例行性的文書，它是一份向社會展現立場的文本，每一句話，都應該準確無誤；每個段落，都應該真實誠懇；每個標題的背後，藏著我們對教育、社會與時代的回應。

新聞寫作的本質，從來不只是「報導一件事」，而是讓人理解這件事「為何重要」。一場捐贈，或許不只是資源的挹注，更可能代表一位企業家對教育理想的深信與承諾；一份聲明，也可能體現組織面對社會議題時的態度與勇氣；甚至一則校園獲獎的報導，都可能是一

場「讓邊緣被看見」的溫柔行動。

真正動人的新聞稿，不在於它獲得多少點閱或轉載，而在於它是否讓人感受到那份出發的初衷與行動的信念。因此，我始終主張：新聞稿不是宣傳品，而是理念的載體；不是單向傳遞，而是邀請理解，唯有將寫作建立在價值與立場之上，新聞才不會流於形式，而能成為一份誠懇的公共承諾。

從策略傳播到公共責任：重新認識新聞稿的力量

根據 Wilcox、Cameron 與 Reber 的定義，新聞稿（press release）是一種策略性書寫的公關文件，旨在提供媒體足夠資訊，轉化為新聞報導。新聞稿的撰寫應強調真實性、簡明性與客觀性，既需體現新聞專業，也要兼顧組織立場與公共責任。在社群媒體滲透與假訊息蔓延的資訊場域中，新聞稿的角色早已超越「對外宣傳工具」的定位。它是組織發聲的第一道文字，更是新聞價值的第一道守門。撰稿者能否堅守事實準繩、展現立場誠意，將直接影響媒體是否採納、社會是否信任。

哥倫比亞大學新聞學院（Columbia Journalism School, 2024）指出：「新聞教育的核心，在於培養記者對『真相、責任與民主』的承諾。」這不僅適用於前線採訪記者，也應成為每一位新聞稿撰寫者的基本素養。新聞稿若能在資訊傳遞中展現公共性與倫理自覺，不僅有助於組織傳達訊息、提升形象，更能在言論雜訊中累積信任，建構深層的公共影

響力。

　　我在《聯合報》任職期間，深刻體會新聞現場普遍面臨的兩大挑戰：時效壓力與人力不足。在這樣的現實中，企業與校方的新聞稿，往往成為記者編寫新聞時的「預寫架構」。一則具備新聞邏輯、結構清晰、資料完備的新聞稿，對記者來說不只是資訊參考，更可能直接影響新聞是否產出與如何呈現。

　　Kovach 與 Rosenstiel（2007）在《新聞的十大要素》中強調：「新聞的首要忠誠對象是公眾。」即使新聞稿具有組織宣傳的功能，也應以誠實、透明、尊重知情權為前提，否則極可能淪為操控輿論的工具，不僅損害媒體信任，也反傷組織自身形象。這樣的新聞觀，也呼應哥倫比亞新聞學院的理念：新聞不該為機構本身服務，而應為民主與社會公義而存在。

　　在新聞稿的結構設計上，應具備明確的「5W」架構（Who、What、When、Where、Why），搭配亮點式標題與精準摘要段落，以利媒體快速掌握重點、提升採用效率。在內容設計上，可參考新聞六大特質：事實性、即時性、趨勢性、人物性、情緒性與社會關聯性。唯有觸動媒體的社會敏感度，新聞稿才可能從「資訊」轉化為「公共關懷」。在語言表達上，新聞稿應掌握「既像新聞，又有亮點」的句構節奏。特別在撰寫ESG、AI、公益議題等類型時，若能引述具代表性的領導者語錄、場景化敘事與真實人物故事，不僅能增添人性與溫度，更有助於傳遞組織的核心價值與社會承諾。

從 Ken Metzler 看公關新聞的真正價值：新聞，是理解的橋梁，不只是訊息的載體

　　Ken Metzler，美國奧勒岡大學新聞學教授，為 *Newswriting from Lead to 30* 一書的作者，也是新聞教育界強調「人性與真實」寫作風格的重要推手。他主張：新聞不應僅止於資訊的堆疊，更應成為人與人之間的理解橋梁。這樣的理念，與優質公關新聞的精神高度契合，新聞稿不只是報告事實，而是為品牌與社會建立情感的連結。

　　Metzler 認為，若新聞只停留在數據與聲明的層次，就無法打動人心。唯有從故事出發，從動機揭示，才能創造公共意義、激發社會共鳴。「如果新聞只是傳遞資訊，它將迅速被遺忘；但若它能講述人與價值的故事，它將留下影響。」

◆ 撰寫新聞稿，也應以記者的精神深入提問

　　Metzler 反對表面式提問，他鼓勵記者深入動機、釐清脈絡。對公關人員而言，這種精神同樣適用：「不要只問活動做了什麼，而要問：為什麼我們這樣做？背後的價值是什麼？我們希望社會如何理解這件事？」真正有深度的新聞稿，來自一連串針對「為什麼」的自我提問，而非單向陳述。（Metzler, 1986）

◆ 拒絕無靈魂的寫作，重拾新聞的可信力

Metzler 反對「機械式報導」，主張以故事、觀點與真實交織出新聞敘事。他的觀點轉化至新聞稿寫作，正是：

- 拒絕吹捧與浮誇
- 引入第三方視角（如學生聲音、受益者觀點）
- 運用採訪技巧，挖掘行動背後的真實價值

這樣的新聞稿，才能不流於形式，而成為社會理解與信任的起點。

格式可以複製，信任卻無法AI生成

在生成式AI大量進入新聞業的時代，新聞的產製速度前所未見地加快，卻也讓內容的靈魂愈發稀薄。越來越多人拿著由 ChatGPT 生成的新聞稿就直接發稿，這讓我感到深深的遺憾。因為我始終相信：AI 可以生成格式，但無法生成信任；它能模仿語言，卻無法感知世界。真正有力量的新聞，不在於它是否出自 ChatGPT，也不在於標題是否夠聳動、格式是否完美，而在於背後是否存在一位願意觀察、願意傾聽、願意理解這個世界的人。新聞寫作的核心，從來不是技術本位，而是誠意本位。那是一種對公共議題的敏銳、一種對事實的敬畏，也是一份對社會的責任感。AI 可以協助我們整理資料、生成草稿，甚至模擬語氣；但唯有人的心，能寫出一句讓人願意相信、願意轉發、願意記得的話。

川普上任後，哥倫比亞大學新聞學院特別強調新聞教育對民主價值的守護。新聞之所以值得被尊重，不是因為它說得有多動聽，而是因為它讓「真相站得住腳」，而不是讓謊言包裝得漂亮，所以即使在AI與演算法主導的時代，我們仍必須守住這份新聞人的初衷，即使只是撰寫一則公關新聞，也該有誠實的語言、有立場的觀察、有溫度的理解。因為新聞不是為了說服誰，而是為了對得起真相。

3｜新聞稿，是理念的語言化，是責任的書寫起點

　　在東海大學公共事務處與團隊同仁討論新聞稿寫作時，我時常提醒：這份公關稿，從來都不只是資訊的整理，而是一則關於責任、倫理與信任的公共書寫。理解新聞的本質後，接下來要面對的，是一個更具挑戰性的問題：該如何把這份價值，寫得讓人願意閱讀、理解，甚至願意主動轉傳？新聞稿的撰寫，並非只是技術性的「填空題」──填滿五個 W 和一個 H（Who, What, When, Where, Why, How），也不僅是標題與導語的排列組合。它真正考驗的是：我們是否能用精準、誠實而有力的語言，將理念轉化為流動的文字，讓立場成為社會願意傾聽的聲音。

❶ 從倒金字塔到價值敘事的實踐

　　一則好的新聞稿，不只讓你所相信的事情被看見，更能讓一個行

動的核心意圖被正確理解。對於一所大學、一個非營利組織，乃至一位有信念的教育工作者而言，新聞稿從來都不是「對外發布」的例行文件，而是與社會開啟對話的起點。它應該像是一封寫給公眾的信，言簡意賅，誠懇真實，不只把事情說清楚，更讓人讀懂你在乎什麼。新聞稿的寫作，從來不是文字的遊戲，而是一種有格式、有節奏、有目的的公共敘事。

❷新聞稿的五大核心要素

新聞稿是透過媒體傳達理念的重要橋樑，一篇成功的新聞稿應具備五大核心部分：**標題、副標、導言、主體段落、結尾**，以上缺一不可。以下說明各部分的角色與撰寫重點。

①標題（Headline）

如同一扇窗，決定讀者是否願意深入了解，所以必須具備吸引力，避免廣告語氣。標題需簡潔有力、具吸引力，精準傳達主題，通常不超過15字，直接點出事件的主旨或亮點。例如：「東海大學攜手泰國啟動AI雙學位計畫」。好標題具備新聞性與關鍵字，有助於媒體引用與搜尋。

②副標（Subheadline / Subheading）

副標是對標題的延伸補充，通常以一句到兩句話進一步點出事件

亮點或背景脈絡，讓讀者初步掌握全貌。例如「雙邊聚焦半導體與人工智慧人才培育，首屆課程預計於秋季啟動」

③ 導言（Lead）

　　導言是一篇新聞稿的重點摘要，應回答「5W1H」：誰（Who）、何時（When）、何地（Where）、做了什麼（What）、為什麼（Why）與如何（How）。這一段通常50-80字內，掌握讀者注意力。例：「東海大學於5月與泰國易三倉大學簽署AI雙學位合作備忘錄，聚焦未來科技人才培育。」

④ 主體段落（Body）

　　主體承接導言，展開導言所提資訊，深入鋪陳背景、過程、數據。主體段落深入分段說明事件的背景、執行過程、合作細節、數據佐證、重要引言等。建議依「倒金字塔」原則撰寫：最重要資訊先說，次要資訊依序遞減。段落邏輯清晰，每段聚焦一主題，讓媒體易於擷取與轉載。可引用專家說法或執行者訪談，提升權威性與可信度。建議三段為佳，每段聚焦一個面向。

⑤ 結尾（Ending）

　　結尾可簡要總結事件的重要性、未來展望，或重申對大眾、產業的意義。若屬活動型新聞，可說明後續行動或邀請參與。例如：「本次合

作為台泰高教合作立下新里程碑，預計將每年培育30名AI人才。」

新聞稿五大核心一覽表

結構名稱	功能說明	撰寫重點	範例內容
標題	吸引注意，傳達新聞主軸	簡潔有力，含關鍵字，控制在15字以內	「東海大學啟動AI雙學位合作」
副標	補充標題，提供背景或亮點；也可納入聯絡資訊	一至兩句話；可置於標題下方或導言前	「攜手泰國大學，聚焦半導體與AI人才培育」
導言	傳達5W1H，概述新聞重點	約50-80字，快速交代事件全貌	「東海大學與泰國易三倉大學5月12日簽署合作備忘錄，將共同推動AI雙學位課程。」
主體段落	詳述背景、過程、說明與引言	倒金字塔結構，資訊清晰分段，引用語具公信力	「此次合作涵蓋AI、永續、數位治理等領域……」「東海校長張國恩指出……」
結尾	總結意義，展望未來或提供補充資訊	可加入組織願景、未來行動或簡介	「未來雙方將擴展至更多學術合作，共同打造亞洲教育創新平台。」

❸ 當倒金字塔遇上品牌語言：讓新聞稿成為價值的載體

在技巧層面，新聞寫作最常採用的結構是「**倒金字塔結構**」，將最重要的訊息放在最上方，越往後，內容越趨細節與背景補充。這種寫法讓讀者即使只閱讀開頭幾行，也能掌握核心資訊；對媒體工作者而言，更是快速判斷、擷取與轉載的利器。當新聞成為品牌與組織形象的重要傳播工具，「倒金字塔」結構不再只是編輯技巧，更需融合品牌語言策略，讓理念、精神與願景自然嵌入敘事脈絡中，在這樣的

融合框架下,新聞稿應兼顧五大新聞核心要素(5W1H):

1. Who:誰是主角?(主辦單位、關鍵人物、機構)
2. What:事件是什麼?(活動、捐贈、合作等核心行動)
3. When:發生時間?(可搭配議題性節奏,如校慶、永續週)
4. Where:發生地點?(空間象徵或象徵性意義,如講堂、校園、地方)
5. Why:為什麼要做?(核心動機、理念、價值主張)
6. How:如何推動或實現?(具體方式、過程細節、未來展望)

之後更過精練語言、自然結構與品牌語境巧妙展現。

公關新聞寫作 CASE ①:東海大學 × 蔣仲燾董事長五千萬捐贈新聞稿

以〈台大校友蔣仲燾捐贈5000萬元給東海,設立「種桃育才基金」〉為例,此篇新聞稿即成功結合倒金字塔與品牌語言策略:為讓新聞稿兼具新聞性與品牌文化傳遞力,可運用以下三種技巧:

1. 導言或主體段落中引用負責人語錄:提升真實感與情感厚度。
2. 自然嵌入組織價值語彙:如永續、人本、跨界、創新、韌性等。
3. 讓每段回應一項新聞要素,並同時回扣組織語境。

第一段即揭示「台大校友蔣仲燾捐款5000萬元」,讓讀者馬上掌握事件重點。而後段內容則融入「教育初心」、「博雅人文」、「人

文×AI」、「企業家精神」等理念,讓新聞稿不只是報導事件,更是傳遞價值、塑造信任的工具。

①標題（Headline）

> 東海大學獲台大校友蔣仲熹捐5,000萬支持教育願景,種桃育才基金助推博雅創造未來大學藍圖

▲標題融合「捐贈金額＋人物背景＋願景使命」,具備新聞性與情感性,是標準的高品質開場。

②副標（Subheadline）

> 非校友最大捐贈、藝術教育與博雅精神雙軌並進,推動全人教育與人文×AI共融願景

▲透過副標進一步補充主軸,突顯價值層次與教育定位,讓讀者感受到事件的重要性與未來性。

③導言（Lead）

> 國立台灣大學傑出校友蔣仲熹董事長,於TYC 70週年慶典中,捐贈新台幣伍仟萬元予東海大學,成立「種桃育才基金」,用以支持藝術中心修繕與博雅教育推動,展現其對教育事業的深厚關懷。

▲此段完整說明「何人、何時、何地、做什麼、為何重要」，並以尊重語調切入，建立情緒連結。

④ 主體段（Body）

內容中逐步揭示這則新聞要陳述的重點：

- 歷史連結與雙七十交織：TYC與東海皆邁入70週年，象徵跨界同行
- 教育理念與價值觀：蔣董事長提及「外圓內方」哲學、對藝術與博雅的肯定
- 人物背景與信念轉化：從台大經濟、UCLA碩士，到返台接掌產業、未竟教職夢
- 代際傳承與公益精神：女兒蔣惠咸引孫中山名言，深化家族價值觀

▲這些內容不僅豐富了報導層次，也賦予新聞「公共性」與「文化性」，讓新聞讀起來更具深度與信任感。

⑤ 結尾段（Boilerplate）

東海大學校長張國恩表示：「蔣仲熹董事長雖非本校校友，卻以伍仟萬元實現其興學初心。他的善舉不僅對本校財務與教育改革提供強力支持，更象徵一位企業家對教育價值的深刻認同與真摯回饋。」

▲結語回到事件主旨，加入感謝語與未來基金使用方向，呼應導言並具情感張力。

❹新聞性與行銷性的平衡：別讓新聞稿變廣告文

新聞稿的成功，在於它看起來像新聞、卻又帶有品牌意圖。它不是硬推商品或自誇實績，而是用事實來說服讀者、用價值來建立信任。根據 Smith（2017）定義，新聞性應包含四項基本要素：

1. 公眾利益：此事件是否對社會有啟發、推動公共議題？
2. 時效性：事件是否與近期發生、具立即關聯性？
3. 新奇性：是否具稀有性、首創性或情感共鳴？
4. 社會價值：是否帶有跨世代、公益性或知識性意義？

蔣仲燾的捐款新聞稿，正巧滿足上述四項條件，一位非校友企業家的大額捐贈（新奇性）、用於支持教育與藝術（社會價值）、與校慶歷史重疊（時效性）、且對高教資源分配產生迴響（公眾利益）。更重要的是：此新聞稿完全避免了「自吹自擂」。它不說「東海大學最強」、「蔣仲燾企業第一」，而是透過具體行動（捐款）、個人故事（教育夢）、第三方語錄（校長、女兒）、歷史背景（雙70），自然引導讀者對這場捐贈產生尊敬與認同。

公關新聞寫作 CASE ②：東海大學 × NVIDIA Watch Party新聞稿

東海大學發布的這則新聞稿，不僅是一則校園活動報導，更是

一場關於教育創新、產學合作與區域發展的深度敘事。在全球AI浪潮席捲之際，東海大學被NVIDIA創辦人黃仁勳點名為中部唯一合作大學，象徵著其在AI教育領域的領先地位。這不僅提升了東海大學的國際能見度，也為中部地區的高等教育注入新的動能。

透過與NVIDIA共同舉辦的「Keynote Watch Party」，東海大學展示了其在AI教育推廣上的積極作為，並強化了與產業界的連結。這樣的新聞，不僅吸引了媒體的關注，也引發了社會對於高等教育與產業合作的深入討論。因此，這則新聞稿的重要性與可看性，遠超過一般的校園新聞，成為一則值得深讀與深思的報導。

〈東海大學 × NVIDIA Watch Party〉屬於具備高度新聞價值的新聞稿，仔細閱讀，不難發現每一段其實都在進行一場「有策略的溝通設計」。這篇文章之所以能獲得高度點閱與媒體重視，不僅因為「內容精彩」，更是因為其結構分明、語言有力、價值導向清晰。以下將從導言、主體、延伸說明、背景鋪陳與價值總結五大段落架構出發，解析撰寫技巧與應用方式：

① 導言段：抓住新聞焦點（News Hook）

「東海大學為中部唯一被黃仁勳點名的大學」，這不只是訊息，而是一個區域代表性與產業肯定的雙重標籤。導言段應善用「唯一」、「首次」、「直接互動」等具有新聞性的語言，例如：「東海大學為中部唯一被黃仁勳點名之大學，更是唯一共同舉辦Watch Party

的大學」。這種寫法結合地區稀有性＋全球權威背書，能立即吸引媒體與大眾眼球。在撰寫上應注意用字不浮誇，但須具有「點題力」，像是「再獲國際肯定」、「唯一合作夥伴」等字詞都可作為強化效果。

②主體段：場景敘述 × 互動強化

主體段不只是描述活動流程，而是透過畫面感與人物互動細節，建立「現場連結」與「感情共鳴」。例如：「黃仁勳透過視訊與東海師生互動，並致贈簽名顯示卡，現場驚喜不斷。」這一段運用了臨場動作描寫（視訊互動、禮物）、群體回應（現場驚喜）來營造節奏感。應用技巧是：事件陳述＋情緒字眼＋社群參與感，讓讀者不只是知道事情發生，更能「感覺到現場氣氛」。

③延伸段：讓讀者知道「不是偶然」

「這不是偶然被點名，而是十年耕耘的成果」，這是一則好新聞稿必須處理的策略段落。NVIDIA高層引述指出東海自2009年起即與其合作、導入CUDA與GRID 2.0，是中部最積極投入AI的大學：「東海推動『AI東海，生成未來』的聲音，讓NVIDIA主動提出合作。」這段重點在於將「一次性事件」轉化為「持續性關係」，讓讀者理解背後有「長期承諾」與「理念連結」。這種段落應用時，可透過三招強化：具體時間線（如2009年起合作）＋明確技術詞（GRID 2.0）＋

對方背書語句（NVIDIA）。

④ 背景段：品牌資本與教育實績鋪陳

　　這一段讓讀者看到東海的學術資本與教育規模，是「信任建構」的關鍵。東海創校背景（由尼克森動土）、學院數（九大學院）、產出（14位中研院院士）等，都是可查證、具份量的數據，建立品牌厚度：「東海是台大之外，國內第二所成立的大學；累計培育14位中央研究院院士。」在應用此段時，應保持語氣客觀、有條理，運用數據、排序、代表性人物來強化公信力。這一段在新聞稿中雖不屬於「即時亮點」，卻是整體信任資產的「基底」。

⑤ 價值總結段：呼應願景、升格意義

　　結尾段不只是結束，而是「意義總結」與「價值呼應」的空間。本稿以校長張國恩的引言為結尾，不僅呼應「AI東海，生成未來」，更串連USR、永續、世界排名等多重價值場域：「AI東海，生成未來，不只是口號，而是推動教學方法、USR責任與世界連結的具體實踐。」應用這段的關鍵技巧是：「以人收尾」、「以願景昇華」、「以數據補強」。例如張國恩談教學革新、USR首獎、英國泰晤士排名等，是將單一事件上升為「教育價值體系」的表現。

⑥ 結語

從單一事件到策略敘事，總結而言，一篇高水準的新聞稿不該只是報導「某天誰來訪」，而是透過層層鋪陳，將點狀新聞轉化為一套具公共說服力的敘事架構。

- 前段抓人眼球
- 中段鋪展畫面與情緒
- 後段推演背景與願景

東海這篇新聞稿之所以動人，是因為它讓我們看到：AI的故事不只是科技，而是一所大學十年如一日的使命實踐，以及被看見之後的價值綻放。

真正的新聞稿不是「活動流水帳」，而是將組織理念、社會意義、新聞敏感度三者整合於一則「可被媒體採用、可被社會閱讀、可被歷史記錄」的文字中。好的新聞稿寫作者，應是組織與社會之間的敘事橋梁，不只傳遞發生了什麼，更告訴世界：為何重要、我們相信什麼、我們將如何回應世界的變化。新聞稿的撰寫，是組織傳遞誠意與價值的第一步。它不只是資訊傳遞工具，更是組織建立聲譽、創造共鳴的語言橋樑。在AI生成新聞蓬勃發展的今日，新聞稿更要展現「人味」、具備信任感，才能讓媒體採信、讓大眾理解、讓價值被看見。

4 ｜新聞是語言建構下的現實
──在風暴中培養辨識真相的素養

在危機新聞的第一現場，記者不僅報導現象，更透過文字建構現實。這樣的建構，往往蘊含選擇性與傾向性，使真相在框架中被凸顯，也可能被遮蔽，因此，我們需要學會如何辨識真假新聞。新聞素養因此不只是媒體課堂裡的理論練習，而是在風暴時代中，決定社會能否辨識與抵抗假訊息的實戰能力。

我曾以台灣高中生為研究對象，發展並驗證「新聞媒體素養量表」（News Media Literacy Scale, NMLS），將新聞素養具體拆解為四大構面：思辨技能（intellectual skills）、個人主體性（personal locus）、知識構造（knowledge structure）與新聞脈絡閱讀（news context reading）。該量表以W. James Potter的認知媒體素養模型（Cognitive Theory of Media Literacy）為基礎，並針對台灣文化語境進行調整與實證。

研究發現，無論性別、學校屬性或新聞閱讀頻率，皆與媒體素養表現具顯著關聯，其中「對新聞標題的懷疑與分析能力」尤其關鍵。在假新聞如病毒般擴散的當下，培養閱聽人「懷疑標題、拆解框架、還原語意」的能力，正是新聞寫作者與教育者共同的責任。

危機傳播的第一步，不是發稿，而是發現語言的權力，以及真相與立場。如何辨識新聞的真偽與偏誤？可循以下四步實踐：

1. 練習提問：這則新聞由誰撰寫？資料從何而來？是否有交叉驗

證？是否過度依賴單一來源？

2. **分析語言**：是否使用情緒性字詞？是否過度簡化複雜議題？是否反覆操作特定標籤與敘事？
3. **重建脈絡**：從時間軸、利害關係與被排除的聲音中，尋找那些被壓低或失語的事實。
4. **建立意識**：承認自己「總有可能被操弄」，並養成在閱讀中停下腳步、懷疑片面、尋求多元的習慣。

新聞，是風暴中的燈塔，也可能是風暴本身。唯有練就辨識之眼，我們才能在資訊巨浪中不被裹挾，而是穩穩踏出下一步。這不只是識讀能力，更是公民在數位時代中的防衛直覺與自我守護。

新聞素養不僅是個人的防衛機制，更是一種社會集體的免疫力。當越多公民具備懷疑與查證的能力，假新聞與操弄輿論的風險就越難以滲透。這如同群體免疫，不必人人皆有，但只要足夠比例的人保持警覺，社會就能築起信任的防線。反之，若公民習於「被動接受」，不願提問、不願求證，資訊的水壩終將出現裂縫，危機在尚未成災時便早已潛伏。

進一步地，在ChatGpt生成式AI與深偽技術（deepfake）迅速演進的今日，辨識「真假難分的新聞樣貌」更成為素養的新挑戰。這類深偽新聞，常呈現以下特徵：語言過度流暢卻缺乏細節、圖片精緻卻背景模糊、人物發言無法溯源、或發布帳號異常新穎、互動紀錄稀薄

等。為對抗這類AI生成的仿真內容，可採行以下策略：

1. **圖像與影片驗證**：利用Google Lens、InVID等工具進行反向搜尋，查證影像是否為拼貼、舊圖新用或合成改造。
2. **語意與結構辨識**：留意敘事中是否大量出現樣板化句型、泛泛而談、無細節支撐、主語模糊。
3. **追查原始來源**：確認新聞是否來自可信媒體，是否具備記者署名、刊登時間與責任編輯欄位。
4. **關注事實查核單位**：定期查閱MyGoPen、Cofacts、台灣事實查核中心等平台的警示與報告，建立預警意識。

　　ChatGpt能生成文字與聲音，卻無法生成誠實與倫理。新聞的價值，不在速度，而在對真相的持守與對閱聽者的尊重。未來的閱聽人，必須同時是科技的使用者與語言的偵探，懂得在真實與仿真之間，辨識出語言中的縫隙與細節。

　　我們所追求的真相，從不應止步於單一媒體的說法，而是願意抱持謙卑的態度，在不斷釐清的過程中建立信念。假新聞的風暴早已在前方盤旋，唯有對語言保持敏感、對新聞保持警覺，我們才能在風暴中免於傷害。

英文參考文獻

Columbia Journalism School. (2024). CJS2030 Strategic Vision. Columbia University.

Huang, C.-H., Cheng, P.-H., Hsieh, T.-S., & Chang, K.-E. (2025). "Development and exploration of news media literacy scales in Taiwan", *International Journal of Innovative Research and Scientific Studies*, 8(1), 1–11. https://doi.org/10.53894/ijirss.v8i1.3485

Kovach, B., & Rosenstiel, T. (2007). The Elements of Journalism: What Newspeople Should Know and the Public Should Expect. Three Rivers Press.

Metzler, K. (1982). Creative Interviewing. Prentice Hall.

University of Oregon School of Journalism and Communication（歷史資料與系所出版文獻）

Wilcox, D. L., Cameron, G. T., & Reber, B. H. (2015). Public Relations: Strategies and Tactics. Pearson.

Chapter 8 | 韌性組織策略
風口浪尖上的台積電

　　半導體之父張忠謀在其回憶錄中坦言：「台積電現在已是世界『必需』的公司……責任已落在我的接班人肩上」（張忠謀，2024）。這句話，不僅是對台積電全球戰略地位的深刻肯定，也道出了企業領導者在地緣政治、供應鏈穩定與創新轉型之間，所必須承擔的歷史重擔與未竟使命。

　　在《張忠謀自傳》（天下文化，2024）中，處處可見他對使命的堅定信念。他始終認為，台積電的know-how，不僅是企業的核心競爭力，更是國家安全的重要資產，絕不容輕易外流。而今，接棒的董事長魏哲家，不只是繼承者，更是將「戰略韌性」升級的實踐者。無論是面對美中角力、全球供應鏈重組，或來自美國總統川普設廠施壓與懲罰性關稅的高壓態勢，台積電展現了一種高階領導人才具備的「韌性視角」，在壓力下不盲從、不妥協，而是主動布局全球、建構風險防火牆，讓每一場風暴都成為升級的契機。

　　韌性，不只是災後重建的能力，更是一種在不確定中持續運作、持續學習、持續前進的系統動能（Lengnick-Hall, Beck & Lengnick-Hall,

2011）。對企業而言，這份「預先演練的本能」往往比教育或公共部門來得敏銳且務實。因為市場無情，它從不給任何企業「補考的機會」；它逼迫領導者在風暴來臨前，便必須演練最壞的劇本、準備最好的反擊。

而說到韌性與風險之間的博弈，怎能不提台灣半導體巨擘台積電（TSMC）。身為全球最關鍵的晶圓製造企業，台積電正處於美中科技冷戰的核心，其供應鏈穩定性與技術護城河，成為地緣政治拉鋸中的棋眼。即使魏哲家董事長已親赴白宮，宣示投資1,000億美元於美國設廠，2025年4月，美國總統川普仍再度發出警告：若台積電未履行建廠承諾，將對其產品課徵高達100%的懲罰性關稅（東森新聞，2025）。他強調：「如果他們不在美國投資設廠，就準備接受100%的關稅。他們知道我不是開玩笑。」

這句話，彷彿在提醒全球，韌性，從不是一紙承諾，而是一種在風口浪尖中挺立的實力與決心；唯有在全球風暴中仍能堅持核心價值，方能真正定義什麼叫做「不可取代」。

1｜台積電的風險管理模式與治理架構

「風險管理是公司經營團隊與全體員工的共同責任，所有員工必須針對其責任範圍內的風險管理，具備勝任的能力與負責的態度。」台積電董事長暨總裁魏哲家（2024.6）。

這句話，不只是標語，更是一個全球科技製造巨頭對不確定時代的誓言。

魏哲家的公開聲明，揭示了台積電（TSMC）在面對地緣政治、供應鏈震盪、氣候風險與網路攻擊等多重挑戰下，所建立的風險管理哲學與制度化實踐。台積電將風險視為可控的系統議題，而非單一事件，並建構出一個橫跨**治理、管理與執行**層級的全方位防線，成為韌性組織治理的全球典範。

❶台積電的風險治理：從制度建構到文化內化的韌性典範

作為全球最具代表性的高科技企業之一，台積電（TSMC）早已將風險治理視為企業永續策略的核心。其制度設計不僅符合國際標準，更展現出「從制度到文化」的深層治理哲學，對照我們本書所談的危機傳播理論，有極高的參照價值。

台積電將風險治理視為企業整體策略核心的一環，從台積電的風險管理公開資訊可以清楚了解，台積電具有董事會到全員參與的危機治理信念，而且董事會與審計暨風險委員會承擔風險治理最終責任，通過「風險管理政策」規範並指導全公司風險運作架構（TSMC, 2024）。

根據 TSMC（2024）官方公開資訊顯示，台積電的風險治理建立在三大信念上：

1. 風險應被辨識並控於容忍範圍內；

2. 風險管理是創造價值的一環；

3. 所有員工皆有風險意識與應對責任。

這種「全員皆有風險責任」的思維，代表風險治理不再只是高層工作，而是組織文化的一部分。

❷ 三道防線模型：從國際標準到在地實踐

分析台積電的官方資料，TSMC是採行國際常見的 Three Lines of Defense（防線三層模型），呼應 ISO 31000:2018 所強調的「治理、文化、流程整合」，分工清晰、協作緊密：

- 第一道防線：部門主管與日常風險控管者
- 第二道防線：風險管理單位與執行委員會
- 第三道防線：內部稽核與外部查核專業顧問

這個架構的重點，在於讓每一層都有明確職責與回饋通道，第一道防線屬於管理層面，各部門日常負責辨識與回應風險（如策略、營運、財務、合規風險）。第二道防線是風險管理單位與制度制定者，包含風險管理執行委員會、工作小組與專責人員。第三道防線重視獨立稽核與審查，包括內部稽核單位與外部查核顧問，針對整體風險流程進行年度審查與改進建議，這種模式不僅強調結構上的分工，更推動風險意識的文化落地，使員工從「被動回應」走向「主動管理」。

❸從流程到文化：風險治理的六角架構

TSMC透過六大要素構築風險文化基石：治理、流程、文化、溝通、訓練與意識、工具與技術，並導入COSO架構與風險登錄冊、壓力測試等制度，進一步將抽象的「風險」轉化為可衡量、可回應的具體管理行動。

根據台積電2024年最新報告，TSMC透過這六個面向構建風險治理基石，並結合以下國際架構：

- 依循COSO「企業風險管理整合架構」。
- 建立全面性企業風險管理政策（ERM）。
- 推動風險登錄冊、壓力測試與量化工具（TSMC, 2024）。

❹營運持續管理（BCM）作為韌性戰略的核心延伸

在自然災害與地緣風險交織的當下，台積電強化營運持續管理（Business Continuity Management, BCM）機制。此系統納入：

- 風險識別與衝擊分析。
- 行動計畫與應變演練。
- C4中央應變指揮中心整合決策資源。

並透過每年度「營運持續管理演練報告」向董事會及風險委員會說明整體狀況與改善建議，這些安排展現出台積電不只管理風險，

更積極「經營風險」,將其視為組織創新與轉型的一環。BCM機制可以從風險回應到韌性經營。在天災、疫情或地緣政治風險,以及美國總統川普頻繁出手的情境下,這套系統不僅是「備案」,更是「主策」,使風險回應與組織韌性彼此嵌合。

危機是一面鏡子,映照的不只是組織的韌性,更是公眾對企業誠信與責任的試煉。台積電作為全球科技製造鏈的核心企業,其在面對重大供應鏈風暴、疫情封控、設備故障與地緣政治風險下,始終保持穩定訊息流與高透明度回應機制,展現出「危機傳播管理的實踐典範」。其策略不僅止於媒體溝通,更進一步打造出「危機中創建信任」的品牌治理哲學。

① **即時、主動、準確的資訊揭露策略**

TSMC在危機期間一貫採用三大原則:

1. **即時通報**:第一時間對股東、媒體與產業鏈公開初步訊息
2. **主動揭露**:非被動應對記者詢問,而是安排主動記者會與投資人說明會
3. **數據支持**:提供受災影響範圍、恢復時程、修復進度等具體數據,避免模糊語言

這樣的模式,正好對應 Coombs(2015)情境式危機傳播理論(SCCT)所提的「資訊型策略」(Instructing Information)與「調適

型策略」（Adjusting Information），讓公眾能夠理解事件真相，並建立組織誠意的第一印象。

② **媒體關係維護與策略性曝光**

TSMC 長年維持與國內外財經、產業與科技媒體的良好互動。在危機期間，特別採取下列策略：

- **安排深度專訪**：由董事長、發言人或資深主管出面，透過權威與國際媒體發表定調聲明
- **精準分眾溝通**：投資人用法說會、供應商用說明簡報、社會公眾則透過 ESG 網頁與媒體稿並行揭露
- **回應式誠意修補**：主動提供後續資訊與修正材料，以媒體為策略夥伴、協助社會理解企業轉型歷程的長期關係投資。

③ **危機後的聲譽修復與形象轉化：從補救到轉型**

根據 Fombrun 與 Van Riel（2004）提出的「聲譽資本理論（Reputation Capital Theory）」，企業聲譽是一種可透過行動累積與修復的資產。以行動不僅回應了公眾對誠信的期待，也讓台積電成為「逆境成長」的典型案例，展現出強大的 Bounce-back Effect（逆勢反彈效應）。

❺ **理論對應：台積電與危機傳播理論的交集點**

危機管理的價值，不只是「如何滅火」，而是如何在風險中「穩

住文化」、「修復信任」並「創造再生」。台積電的風險管理架構，不僅是一套制度化機制，更是一種由上而下貫穿組織文化的治理哲學。TSMC 的制度設計與治理邏輯可與以下理論進行對照分析。

危機管理理論與TSMC制度對應表

理論名稱	對應台積電實踐	意義與啓發
SCCT情境式危機傳播理論 （Coombs, 2015）	依危機責任程度分類策略，如自然災害 vs. 設備瑕疵	依情境主動選擇「資訊揭露」或「補償措施」
形象修復理論 （Benoit, 1995）	強調「否認→合理化→補償→行動改變」等策略序列	台積電多用「強化責任」與「改善承諾」創造信任
聲譽資本理論 （Fombrun & Van Riel, 2004）	危機後重建聲譽以創造未來競爭力	危機不只是損失，更可能是信任再生的契機

危機，不是終點，而是品牌蛻變的催化劑。對台積電而言，危機不是形象的終結，而是品牌精神的再雕刻。從董事長魏哲家的宣示開始，到制度化的三道防線，再到媒體溝通與社會責任行動，TSMC 所展現的不只是「守住信任」，更是「創造信任」。這樣的危機傳播策略，正是一個全球標竿企業「韌性組織」的最佳實踐範例。

2 ｜ 企業韌性實踐與危機後的重生

韌性組織的核心，不只是「挺得住」危機，更是「說得出」與「做得到」之間的契合。而在這個契合之中，危機傳播理論提供了企業對應外部世界的語言與邏輯，而實務操作則將這些語言化為可

見的信任行動。

魏哲家的宣言與整體制度架構展現了台積電不僅能「面對挑戰」，更能「活出韌性」，為企業危機治理、永續轉型與傳播策略提供了一個高度可參照的模型。台積電的案例提醒我們，傳播策略若缺乏治理系統的支撐，只是口號；但若治理制度能成為文化，那麼傳播就會成為一種內化的行為，而非突發的應對。

聲譽資本理論（Reputation Capital Theory）：危機後的「重生策略」

Fombrun 與 Van Riel（2004）主張，聲譽是一種「可修復、可累積的資本」，企業在面對重大危機後，若能迅速啟動回應機制與轉型行動，不僅有助於平息社會輿論，更可能反轉為品牌進化的轉捩點。

以麥當勞在2014年因中國供應商「福喜事件」爆發肉品過期事件，身為美國快餐連鎖店龍頭的麥當勞與百勝集團針對一家向他們供應肉類製品的上海供應商涉嫌售賣過期產品道歉。其全球形象重創。麥當勞隨即強化供應鏈透明度，導入食材履歷系統，並透過App與門市實體展示讓消費者可即時追蹤原料來源，有效修復年輕族群對品牌的信任（BBC, 2014）。

台積電位於南部科學園區的晶圓14P7廠因承包商誤挖電纜導致無預警停電，事件發生時正值全球晶片大缺貨期間，市場高度關注其衝擊程度。法人機構初估，該事件可能影響上千片晶圓，損失金額上看

新台幣1億元，傳聞更指出受損晶圓數可能高達3萬至6萬片，雖有保險理賠可分攤，但對供應鏈造成壓力不可忽視（中央社，2021）。

此事件促使台積電強化應變系統，後續進一步擴編其C4（Command, Control, Communication, Coordination）應變指揮中心，並將營運風險揭露機制納入永續年報與投資人專區，使企業ESG治理與透明度獲得提升。

在全球化浪潮下，可口可樂曾被推上「全球反企業運動」的浪尖。根據《天下雜誌》報導，2005年起，可口可樂在印度因被控過度抽取地下水資源，造成當地乾旱與水質污染，加上在哥倫比亞工廠疑涉人權壓迫事件，引發國際社會與民間團體的強烈批判（鄭一青，2005）。由哥倫比亞工會發起的「停止殺手可樂」（Stop Killer Coke）運動迅速蔓延，獲得歐洲與北美多地工會與67所大學支持，甚至引發機構投資人撤資行動。

面對輿論壓力，可口可樂於後續推出「水資源中立」（Water Neutrality）計畫，承諾每年回補其生產所耗用的水資源，並投資地方淨水與補注計畫，將危機化為企業永續轉型的觸媒。此舉也使可口可樂從公關危機中轉向為ESG實踐的代表企業之一。

這些案例顯示：危機若妥善處理，反而成為組織強化治理與社會價值的契機。得以透過以下路徑再創信任：

- **修復透明**：危機後公開完整報告與改善進度
- **品牌再定位**：將危機轉化為企業責任感的展現

- **社會共感行動**：結合公益、ESG專案與公共議題，進行「重塑品牌敘事」

聲譽修復案例表

實例	危機後行動	聲譽修復成效
麥當勞	被爆用肉風波後公開肉品履歷系統	恢復年輕族群信任度
台積電	停電與資安風險後建立C4應變中心與年報揭露專區	投資人關係分數上升（Sustainalytics ESG評比）
可口可樂	被控破壞水資源後推出「水資源中立」專案	成為ESG行動先驅品牌之一

韌性不是一種防禦，而是一種回應生命挑戰的企業語言

理論是地圖，實務是旅程。從台積電到全球品牌企業，我們看到「危機傳播」的本質不再只是「滅火工具」，而是「創建信任、建立韌性」的**公共治理策略**。企業若能將這些理論內化為文化、實踐為制度，便能在全球高度變動的挑戰中，穩步前行，甚至逆風翻盤。

3｜全球韌性治理的新趨勢：從危機預警到媒體前瞻

世界越動盪，韌性就越珍貴。而在全球風險頻仍、傳播瞬息萬變的今天，組織若想在危機中生存、在壓力下前行，必須跳脫過去「亡羊補牢」式危機管理，轉向「預警－行動－溝通－重構」的循環韌性治理思維（resilience governance cycle）。

傳統預警與新興前瞻治理差異表

傳統預警	新興前瞻治理
專注災難徵兆（如風險熱區）	預測社群聲量與公眾情緒轉折
由法務、稽核主導	由公關、數據團隊與ESG小組共同研判
發生後控制傷害	發生前控制輿論與形象擴散

❶跨部門、跨界合作的「韌性網絡」

COVID-19、大型供應鏈斷鏈與資訊戰的接連發生，讓全球企業與政府驚覺：面對高度不確定與疊加性風險，已無任何單一部門可單打獨鬥。於是，「韌性治理網絡」（Resilience Governance Network）成為組織新標配，其設計邏輯從「部門化治理」轉向「網絡式協作」。

其特徵包括三大向度：

> **橫向整合**：資訊、法務、媒體、公關、營運與ESG等部門共同組成「C4中樞指揮小組」（Command, Control, Communication, Coordination），針對突發事件啟動即時協作。TSMC、Microsoft皆已導入類似機制，建立跨部門演練SOP，並制定風險回應腳本與決策節點。

> **縱向鏈結**：從總部到海外子公司，從供應鏈上游到末端通路，強化風險傳遞與回應機制。例如，企業會依據地緣風險、資安強度與基礎設施脆弱度，制定區域性「分散布局」與「快速切換」策略，提升局部失效下的整體韌性。

> **外部連結**：與媒體顧問、學術機構、非營利組織（NGO）合作，聯合制定應變模擬場景、社會溝通版本與ESG回應標準，確保危機期間對外資訊一致且具社會責任意涵。尤其在聲譽風暴來臨時，能與外部意見領袖形成「信任同盟」，是品牌得以迅速穩盤的關鍵。

韌性治理的核心，不再只是「誰負責」，而是「如何連結」。真正有韌性的組織，不是抗拒災難，而是擁有一張可以跨界協作、持續回應與共創解方的智慧網絡。

❷AI與演算法風險治理：數據驅動的新世代危機傳播策略

未來，危機治理與傳播將不再靠直覺與記者關係，而是依賴AI、演算法與深度圖像／語意辨識系統。危機不再等媒體報導後才引爆，而是透過社群語意分析、網路輿情熱點偵測，提早在「資訊異常」出現的第一時間，就能啟動AI風險預警機制。例如，一則疑似假訊息在X平台（前Twitter）被大量轉傳，AI可即時判斷其情感傾向與擴散潛力，自動將風險分級，提供公關團隊應對建議。

此外，AI生成模擬回應（generative crisis response）技術將逐步導入，協助制定新聞稿草案、社群說帖、回應話術，並模擬不同策略下的媒體反饋效果。語意辨識系統亦可協助辨別新聞報導與網民留言中的語氣轉變，預判危機升級走向。AI不只是工具，更將成為未來危機溝通的戰略中樞，改變企業面對風暴的反應速度、準確性與韌性基

礎。真正聰明的公關，不是控制媒體，而是提早看見風暴的形狀。

❸ 從危機回應到「敘事設計」：新一代品牌治理任務

危機之後，品牌能否重新站起來，不取決於事件的大小與風暴的猛烈，而是取決於「敘事能否被接受」。這場風暴，讓社會記住的是我們的失誤，還是我們如何承擔與修正？這正是新一代品牌治理中最關鍵的敘事設計課題。

危機敘事需掌握的步驟如下：

① 是故事框架的重構（Frame building）

企業需主動選擇一個能引起共鳴的主題，例如「改革」、「覺醒」、「轉型」或「共生」，將自身錯誤轉譯為社會學習的契機。如同星巴克在美國發生種族歧視事件後，便以「傾聽與對話」為主軸，全面關閉門市進行員工教育，讓外界感受到其重建文化的誠意。

② 必須掌握時間節奏的設計

第一時間誠實揭露事實、第二週啟動對話與理解機制、第三週展開具體行動，同時預先設計「媒體續報點」，形成長期溝通節奏，避免一次性澄清後沉寂，使品牌失去話語權（McCombs & Shaw, 1972）。這套節奏不僅是溝通計畫，更是信任重建的心理工程。

③媒體情緒的協作

與產業記者、意見領袖、公民媒體攜手，共敘「我們學到了什麼、下一步怎麼走」的故事。當企業不是單方面發聲，而是邀請社會共同參與修復與成長的過程，品牌不僅獲得原諒，更贏得再信任的機會。

風暴未來，傳播在先。未來的危機不會減少，媒體傳播的速度只會更快，而真相也不一定更清晰。但若企業能從預警制度、韌性網絡到敘事設計，建構出一條從「風險辨識」到「信任重建」的戰略路徑，那麼即使風暴來襲，也能用知識、行動與語言，站穩腳步，走出屬於自己的生存與價值之道。

中文參考文獻

台灣積體電路製造股份有限公司（TSMC）.（2024）。風險管理政策與營運持續管理架構。

張忠謀（2024）。《張忠謀自傳（下冊）》。天下文化。

張忠謀（2024）。《張忠謀自傳》。台北市：天下文化。

東森新聞（2025）。〈川普警告台積電！沒在美建廠就繳100%的稅〉。https://www.ebc.net.tw/

鄭一青（2005）。可口可樂身陷火海：可口可樂竟會殺人？世界論壇為何群起圍剿？一定要可口可樂負起社會責任？《天下雜誌》，319期。

英文參考文獻

Benoit, W. L. (1995). *Accounts, excuses, and apologies: A theory of image restoration strategies*. State University of New York Press.

Coombs, W. T. (2015). *Ongoing crisis communication: Planning, managing, and responding* (4th ed.). SAGE Publications.

Fombrun, C. J., & Van Riel, C. B. M. (2004). *Fame & fortune: How successful companies build winning reputations*. FT Press.

Lengnick-Hall, C. A., Beck, T. E., & Lengnick-Hall, M. L. (2011). Developing a capacity for organizational resilience through strategic human resource management. Human Resource Management Review, 21(3), 243–255.

McCombs, M. E., & Shaw, D. L. (1972). The agenda-setting function of mass media. *Public Opinion Quarterly, 36*(2), 176–187.

Chapter 9 | 信任的存摺
聲譽修復機制的建立

　　在當今全球競爭的風暴眼中,「聲譽」不再是企業或大學的附屬品,而是一項無形卻最具戰略價值的核心資產。它不是一夕之間的輿論成果,而是機構在長時間內,透過其行為、一致性溝通與價值實踐,所累積出的整體印象。聲譽,既是過往作為的記憶庫,也是未來行動的通行證,更是一種無形的「社會信用存摺」,平時默默儲值,危機時刻方能提領。

　　在高等教育領域中,聲譽的價值尤為關鍵。它決定了一所大學能否吸引頂尖學生與學者,是否能在全球排名與國際合作中贏得信任與支持。以《泰晤士高等教育世界大學排名》與《大學影響力排名》為例,這些以客觀數據為基礎的評鑑機制,正是以聲譽為核心延伸出的制度化衡量工具,包括教學品質、研究表現、產業合作、永續發展與國際化,無不指向聲譽所映照的實力光譜。

　　聲譽不是包裝,它來自價值的實踐。NVIDIA、TOYOTA、捷安特、富邦,乃至台積電,這些企業在各自領域中之所以成為信賴的象徵,正是因為它們在不同時間點、面對不同挑戰時,皆以一致、可預

測且具承諾性的行動,守住了品牌,也穩住了聲譽。輝達以AI技術進軍未來;TOYOTA以品質與永續並重;捷安特讓「台灣製造」在國際間風馳電掣;富邦則以穩健財務與公共參與持續深化社會認同。而台積電,更是將聲譽經營推向極致的代表。

聲譽的價值,在AI與社群驅動的時代中更顯珍稀。當傳播被放大、情緒被加速、錯誤成本急遽升高,唯有深植於實踐與信任中的聲譽,才能成為穿越危機的避雷針。對於大學而言,這樣的聲譽,不僅代表學術聲量與國際能見度,更是價值信仰與社會對話的底層契約。擁有堅實聲譽的大學,其每一份回應,更易被理解;每一次爭議,更可能被諒解;每一場風暴,更能從容應對。

因此,從產業品牌到高教機構,現代治理的共識正逐步形成:

聲譽,不只是形象,而是競爭力,是韌性,是存亡。聲譽是混亂年代中最珍貴、也最難得的資產。

1｜聲譽修復的核心觀念與必要性

Fombrun將聲譽定義為「外部利害關係人對企業整體吸引力的認知總和」,這種吸引力既來自於過去的累積,也投射於未來的承諾。聲譽是一種關係型資本,是價值實踐、社會認同與信任建構的交會點。在策略管理視角中,良好聲譽不僅為組織提供資源與支持,更是其於高度不確定環境中維持韌性、轉化風險的「護城河」(Fombrun

& Van Riel, 2004）。

而在危機發生之際，聲譽便成為最脆弱卻最關鍵的防線，危機應對可區分為即時處理與後續修復，後者即聲譽重建，遠比前者複雜且耗時。尤其當事件觸及倫理爭議、社會責任或制度性失靈時，媒體與公眾將不再只審視事實本身，而是對整個組織價值體系進行「道德審判」。形象修復理論（Image Repair Theory）即成為關鍵的策略地圖。其五大策略群中，「矯正行為」與「尋求寬恕」尤其能展現誠意與責任，並為重新建立信任鋪路。這樣的理論，不只適用於企業，也能作為高等教育機構思考其聲譽治理的框架。在AI世代、價值多元與政治高度感知的脈絡中，大學不再只是知識場域，更是價值論述的核心平台。

在過去二十年間，我服務的東海大學歷經多次制度轉型與社會爭議，從校務運作的透明度質疑，到對外溝通的落差，使原本以人文精神與自由學風聞名的品牌形象蒙上陰影。曾幾何時，「東海」這個名字不再只是光榮與理想的代名詞，而開始被貼上分歧管理、價值模糊等標籤。這些累積性的事件使得大學聲譽出現下滑，不僅影響招生與國際合作，更動搖社會對其教育價值的信任根基。

也正因如此，東海大學在2022至2023年間，作者主動提出的「東海大學，看見未來」文宣案，那絕非僅僅是一則宣傳，而是一場面向信任修復的深層對話。它從一個大膽提問出發「教育，是商品嗎？」不只是向社會拋出反思，更是大學本身對其聲譽危機的回應與承擔。這場倡議試圖將教育拉回其倫理根基與公共使命，重新連結社會對

「東海精神」的情感記憶與價值認同。

　　作為一所以基督信仰為本的教育機構，東海所提出的品牌重塑戰略，實則對應了Fombrun（1996）所強調的「聲譽是未來承諾與過去行為的綜合認知」。在聲譽治理的層面，「看見未來」這句話蘊含了東海對未竟理想的堅持、真理的探求、公益的實踐、教育的尊嚴。這不僅是形象修復，更是價值重建，透過呼應大學原初的信仰立場與教育哲學，東海開始走出過往的陰霾，主動擘劃一個具有方向感與公共意義的未來敘事。

　　在聲譽重建的實務策略上，作者做法回應了Coombs與Benoit對於危機溝通與形象修復的理論架構，不僅進行制度改革、強化資訊透明，更透過價值主張的重申與社會對話的展開，達成品牌的再定位與信任的重建。這場品牌修復工程的本質，不是廣告，而是一場誠意的公共實踐。

　　如何從信任斷裂中找回初衷，重新被社會看見、被信任、被尊敬？唯有願意誠實地面對過去、重塑其信念、聆聽社會的回饋，聲譽才可能真正恢復，品牌才可能再次成為社會期待的代名詞。當社會逐漸遺忘教育的價值定位，品牌就容易淪為空洞的標誌；而東海選擇以反思為出發，以誠意為橋梁，重新建構與利害關係人之間的信任關係。這正是「聲譽資本」的積累模式：不是來自宣稱，而來自實踐。唯有不斷回應社會最核心的價值命題，大學品牌才能真正穿越時間與風暴，在未來世代的眼中被看見、被記住、被信任。

同樣地，富邦集團在蔡明忠董事長的領導下，提出「做台灣之光」的願景，這不僅是一句品牌口號，更是一場深層而縝密的聲譽治理工程。作為從保險業起家的金融巨擘，富邦歷經本土金融風暴、高鐵投資爭議與防疫險風暴等社會信任危機後，其品牌曾一度遭遇聲譽波動。然而，但富邦總是選擇以長期主義面對挑戰，將「信任重建」作為企業治理的核心命題。

富邦在ESG永續發展、文化藝術贊助與金融教育推廣上的積極作為，正是其回應社會期待、實踐企業責任的具體表現。近年來，富邦美術館的成立，不僅標誌著企業文化力的深化，更展現出品牌治理跨越經濟與人文的企圖心。富邦美術館不只是藝文空間，更是一個象徵：它象徵著企業願意投注於社會美感與文化厚度的養成。這份選擇，不只是對過去聲譽波動的回應，更是對未來社會關係的投資。富邦的治理旅程讓我們看見——聲譽修復，不是危機之後的補救，而是一場跨領域、跨世代的信任再建工程。

2｜危機後的聲譽重建策略與實務操作

在重大危機過後，組織如何重新獲得大眾信任與社會認同，取決於其「聲譽重建策略」的設計與執行深度。誠如Coombs在其*Ongoing Crisis Communication*一書中指出，危機後的聲譽恢復並非一項單一行動，而是一連串交錯的「溝通－行動－認知重塑」的過程。Benoit進

一步提醒，若組織僅止於發出道歉聲明而缺乏後續實質改變，公眾將對其誠意產生高度懷疑，甚至進一步損害既有信任。

❶ 修復信任的三大關鍵原則
① 主動溝通：以誠實對話對抗沉默的裂痕

危機過後若企業選擇沈默，將在輿論與社群空間中產生「信任真空」，進而被錯誤資訊與情緒放大效應填補。主動溝通不僅是一種姿態，更是意義重建的開端。在這方面，馬斯克（Elon Musk）與川普（Donald Trump）形成鮮明對比。馬斯克在特斯拉自燃事件後，雖快速透過社群媒體對外說明，但因語氣傲慢、缺乏危機謙卑，導致溝通反成反效果。而川普在面對COVID-19疫情與政治危機時，選擇以攻擊性語言反制批評者、淡化風險，反而削弱了大眾對其領導信賴。這些例子皆證明：主動溝通若缺乏透明、尊重與持續性，將無法轉化為正向信任資本，反而加劇品牌傷害。

② 價值回歸：讓危機成為價值重述的契機

真正成功的聲譽修復，不是回到過去，而是以危機為契機重新「價值定位」。組織若能在震盪後提出具體而堅定的公益承諾、ESG轉型目標或長期倫理治理藍圖，不僅展現出反省與進化，更可能引導公眾重新投以信任的目光。這正如台積電在全球科技供應鏈緊張之際，未強調商業競爭，反而不斷重申「中立製造者」的角色定位，穩

定客戶信心，成為信任的依靠。

③ 受眾導向：從自我辯護轉向同理回應

危機溝通若過度關注品牌形象與內部自我防禦，反而容易忽略受眾真實的焦慮與期待。真正有效的策略，應該從「說我如何做得對」轉向「聽你們為何感到受傷」。組織若能針對群眾關切的安全、補償與預防措施進行具體回應，將比任何品牌宣示更具說服力。這是一種情感治理（emotional governance）的實踐，也是一場文化敘事的重新對齊。

❷ 策略工具與操作流程

根據「形象修復理論」（Image Repair Theory），聲譽修復的關鍵不在於辯解語言的修飾，而在於組織是否能建構出一套「可信任的修復敘事」。這是一種結合語言、制度與情感認同的多層次過程，從理解責任、設計回應，到行動實踐與信任重建，形成一個具有心理共鳴與結構支撐的整合性系統。

這四個階段若應用至高等教育，東海大學是一個極具象徵性的個案。作為台灣歷史最悠久的基督教大學之一，東海由美國基督教亞洲聯合董事會於1955年創辦，早年曾與台灣大學齊名，不僅以博雅教育、人文學風聞名，更在全台率先導入「勞作教育」、「通識制度」等創新典範。這份品牌聲譽，曾代表一種價值的燈塔。然而，自2000年後台灣高

教市場化與廣設大學政策推動之際，東海所代表的價值體系面臨極大挑戰。學生來源逐漸多元、辦學壓力加劇，加上少數行政爭議、對外溝通不足，導致社會對其品牌的印象逐步稀釋甚至產生懷疑。

因此，若東海要重新修復聲譽與品牌形象，應積極透過四階段回應：

第一階段｜觀點重建

東海需重新釐清其在當代教育市場中的核心價值與獨特性，強化自身作為一所「信仰根基＋人文深度＋永續理念」大學的品牌定位。這不只是學科上的區隔，而是一場價值觀的再確認：東海不應與其他大學競爭「規模」與「市場份額」，而應重申其在倫理思辨、社會正義與公益實踐上的獨特角色。

第二階段｜語言調適

在面對公眾與校友時，東海應採用能激起共鳴的語彙，例如強調「重新找回教育的真誠」、「走回信仰與知識對話的初心」。尤其在推廣「東海大學，看見未來」文宣時，更應融合基督教博愛、東亞文化與現代倫理的敘事，使品牌語言不只是行銷，而是敘說一段公共記憶與教育理想。

第三階段｜行動承諾

東海可從三個面向展開制度改革與公共行動：第一，深化學生倫理教育與勞作體驗；第二，設立「教育人文責任中心」進行價值議題研究；第三，公開行政流程與重大決策機制，強化透明與參與。這些改革不僅展現誠意，更能將過往聲譽傷痕轉化為公共對話的契機。

第四階段｜信任重建

長期而言，東海應打造一套跨世代、跨平台的聲譽修復工程，包括與教會、校友、國際夥伴重建連結；邀請第三方教育機構進行聲譽指標審視；並定期發布教育影響力報告書，讓「教育承諾」具體可見、逐步實現。

換言之，形象修復不是口號更新，而是一場深度治理的文化實踐。東海要重拾與社會的信任關係，不是靠「重回過去」，而是要勇於「重新定義未來」。

特別值得一提的是，東海大學近年在「永續治理」與「AI轉型」的積極投入，已成為其聲譽重建的重要支柱。2024年，東海榮登《泰晤士高等教育世界大學影響力排名》（THE Impact Rankings）全球百大，成為台灣唯一進榜的基督教大學。這項排名以聯合國永續發展目標（SDGs）為核心指標，東海在環境永續、社會責任與教育平等等項目表現亮眼，不僅展現教育信念的實踐力，也大幅提升國際聲譽。

更令人矚目的是，東海自2024年後積極導入AI跨域教學與創新研究，從AI法律、AI傳播到AI倫理設計，迅速成為台灣AI人文融合大學的代表性品牌。這些前瞻布局不僅回應時代需求，更賦予東海一種嶄新的文化定位，從過往的經典人文校園，邁向以人為本的智慧大學願景，真正做到「看見未來」，也重新贏回社會的期待與信任。

四階段回應表

階段	行動重點
初始反應	第一時間的聲明與說明，展現態度與速度
溝通釐清	提供具體資訊，釐清事實與誤解
關係回復	接觸受害者與媒體，展現誠意與補償
品牌重塑	推出轉型行動、公益計畫、新形象廣宣

❸案例分析：企業如何有效修復聲譽

近年備受矚目的企業危機案例，提供我們觀察企業在聲譽修復上的不同節奏與選擇。首先是波音737 Max危機。2018至2019年間，波音公司因連續兩起737 Max客機墜毀事件，造成346人罹難，企業聲譽瞬間跌至谷底。初期官方聲明雖針對技術問題進行澄清，卻被外界解讀為推卸責任，引發輿論反彈。然而，波音隨後啟動一連串補救措施：包含召回機隊、全面升級自動駕駛系統、投資飛安教育，並於2020年更換CEO以展現轉型決心（CNBC, 2020）。雖然重建過程中因缺乏與媒體的及時互動、過度法律化處理語言，使得品牌修復速度受阻，但仍體現出企業在面對重大危機時，願意從結構面著手改革的韌性。

相較之下，星宇航空對成田危機的處理方式展現出「危機溝通即時化」的高度自覺。當時因航班調度失誤，導致從成田返台的乘客延誤逾12小時，引發社群與媒體批評。然而，星宇航空董事長張國煒迅速親上火線，透過影片說明第一時間調度原因，並以誠意十足的態度向乘客致歉，提出即時補償與後續改進措施，雖然部分旅客仍不領情，但更重要的是，他持續開啟與媒體溝通的管道，將道歉、對話與改革透明化，讓危機回應不再是單方面的告知，而是建立信任的「共敘平台」。此舉也讓原本的負評逐步轉為肯定，顯示出誠意與速度，是贏得大眾理解的關鍵。這兩起案例，一為結構轉型的長期修復，一為即時對話的社群共感，皆證明企業若能從真誠出發，不僅能止血，更能重建信任，甚至提升品牌內涵。

3｜建構聲譽修復的制度化機制與操作模組

　　聲譽修復，從來就不該只是一場「道歉記者會」、一次「品牌滅火演出」，或幾篇設計精巧的公關稿。真正有遠見的組織明白：聲譽的再建，不是應急，而是一場治理工程。它必須是一套可預演、可啟動、可追蹤的制度機制，唯有當修復成為文化、危機成為教材，才能讓組織在風暴過後，不僅站穩，更重新定義自己（Ulmer, Sellnow, & Seeger, 2018）。

❶ 制度設計的五大核心元素：從補破網到建防火牆

2010年至2012年間，台灣有許多大學因為爆發教授報假發票案爭議登上新聞頭條，一度衝擊大學的聲譽，如果這些組織早已有聲譽修復的制度預案，是否能少一些手忙腳亂、多一點信任留下？

根據Coombs與Mitroff的危機管理理論，若聲譽修復要從「事後補救」進化為「事前治理」，組織必須從五大制度層面入手：

① 預備性制度建立

企業應超前部署，設計一套「聲譽修復行動預案」，針對常見危機如產品瑕疵、內部倫理爭議、資安事件、高層醜聞等，進行風險分級與腳本模擬。這包括：聲明草擬流程、媒體窗口指定、責任人指派、語言範本準備。如此一來，黃金24小時內不再是混亂的開端，而是回應信任的起點。

② 跨部門整合平台

聲譽風暴從來不是單一部門能解的題。它涉及公關、法務、人資、品牌、ESG等。企業應建立「聲譽修復協調小組」，讓語言一致、權責清楚，資訊快速整合。這不僅強化反應力，更能在事後檢討中形成組織文化升級的觸媒。

③回應模組化策略

不是每場風暴都需最高層出面,也不是每起事件都該高調危機化。有效組織會依據危機等級制定對應模組:輕度事件使用「說明＋道歉」,中度則加上「補償＋改革承諾」,重度危機則升級為「高層出面＋第三方監督＋政策改革」。模組化的語言與行動,不是罐頭,而是讓溝通更快進入信任軌道。

④信任回復行動計畫

一紙聲明,不敵一項改變。真正有效的聲譽修復策略,會列出利害關係人溝通地圖,從內部員工、合作廠商、政府單位到社群群體,進行實質補償、媒體協調、公益參與與品牌重塑。像是某知名食品公司在食安事件後投入「透明工廠」開放參觀,就是一種讓公眾「感受到改變」的信任工程。

⑤成效評估與學習循環

聲譽修復不能只是當次危機的回應,它應轉化為組織反脆弱力的一部分。每次危機後,都應召開檢討會,評估語言是否有效、回應是否一致、補償是否具體,並將學習成果記錄進組織資料庫,形成「下次可以更快、更穩」的系統性記憶。

聲譽修復的最高境界,不是說得動人,而是做得制度化、走得

持續化、學得進步化。當組織將信任回復當作文化底層工程來對待，那麼每一次危機，便不再只是創傷，而是自我超越的開始。這正是從「危機」走向「治理」、從「修復」走向「再生」的未來式。

❷聲譽修復操作模組架構

在重大危機事件之後，組織的聲譽修復不僅需迅速反應，更需進入一套有系統、可追蹤、具節奏感的五階段修復模組，以逐步重建信任、重拾社會認同。

① 危機後聲明與初始回應

此階段強調即時性與誠意。組織須在24小時內發布聲明，誠懇說明事件發生背景、初步因應作為與調查啟動狀況。例如，某大學發生教授報假發票醜聞，引發輿論譁然，此時學校若第一時間選擇「保持沉默」，恐讓外界懷疑校方態度消極；反之，若能由校長親自對外說明、啟動調查並邀第三方公正單位介入，則能有效控管輿情，守住第一道信任防線。

② 受害者接觸與情緒撫平

針對事件中受損方，如學生、捐款人或社會公眾，應透過個別信函、對話機制、輔導資源或實質補償，展現出「不僅道歉，更願承擔」的誠意。在AI資訊擴散加劇的時代，情緒往往比事實傳得更快，

若忽略受害者情緒修復，將種下更深的不信任裂痕。

③媒體溝通與形象修復稿

這是組織重新主導敘事權的關鍵期。此階段應重新建立與主流媒體與社群媒體的對話平台，透過調查進度、專題專訪、改革政策曝光，塑造積極改革者的形象，依據事件性質靈活呈現不同語氣的新聞稿、FAQ與社群貼文風格，以語言調性作為信任重建的橋梁。

④改善行動與公益協作

言語若無實踐支撐，只會加重公眾失望。此階段應啟動一系列看得見的改革行動，例如教育單位啟動誠信教育工程、捐款監督平台或與公益機構合作設計社會回饋計畫。以星宇航空為例，在班機延誤風波後更重視透明處理、即時回應的機制，即是一種結合誠信與行動的制度創新，成為其品牌信任的重要支柱。

⑤長期品牌修復與正向反轉

最終階段強調將信任危機轉化為組織進化的契機。這需透過永續計畫（如SDGs目標對接）、年度影響力報告書、校園／企業公聽會、定期審查制度等方式，讓聲譽不只是恢復，更轉化為「我們比過去更好」的具體證明。這也是組織信任韌性的長期養成。

❸與國際企業制度之對照與啓發

在全球聲譽治理的實務操作中，越來越多企業不再將聲譽修復視為單一部門的「滅火行動」，而是整體組織治理架構中的重要一環。以星宇航空為例，該公司在面對大規模班機延誤事件後，更加重視透明處理與即時回應，要求所有乘客服務爭議必須於72小時內公告調查進度、處理負責單位與改進方向。這項制度不僅及時回應乘客的情緒，也展現出企業誠實回應、快速行動的文化能力，進一步鞏固了其在年輕旅客與社群世代中的品牌信任度。

相較之下，許多高等教育機構在面對聲譽挑戰時，仍停留在「公告即應對」的消極模式。例如，近年某大學教授因報假發票而被媒體揭露，學校僅以制式新聞稿草草回應，未啟動內部誠信審查機制、未回應外界對學術誠信的深層焦慮，也未邀請第三方介入檢討。最終，不僅損傷師生對制度公正的信賴，更讓外界對高教聲譽產生結構性懷疑。這也說明了：若缺乏制度性修復設計，聲譽風暴將從事件蔓延成信任危機。

❹前瞻觀點：打造「韌性聲譽系統」（Resilient Reputation System）

聲譽修復不應止於災後補強，而應是組織邁向長期韌性的治理工程。在後疫情時代，生成式AI演算失控、極端氣候衝擊供應鏈、社群

資訊戰升高虛實界線，讓每一個組織都暴露在多重、交疊、不可預測的聲譽風險當中。這些風險往往不是單一事件可控制的，而是來自於價值模糊、溝通斷裂與制度老化。因此，建立一套「預警－回應－恢復－進化」的動態聲譽治理系統，成為組織永續信任的基礎。

首先，建議設立跨部門的聲譽風險管理小組，由高層、公關、法務、人資、營運與ESG部門共同參與。此小組負責定期盤點內外部聲譽風險、整合媒體與社群監測資料、與利害關係人保持對話，建立風險分級、對應腳本與緊急回應SOP。如Fombrun所言，聲譽的關鍵，不是事件結果，而是組織是否能「預先感知社會的集體期待並主動回應」。

其次，聲譽修復應正式納入**企業與大學的危機演練機制**中。傳統演練常聚焦於防災與資安，然而更需加入「聲譽模擬場景」：如高層失言、學術倫理爭議、供應鏈歧視事件、AI判斷失誤等高敏感度情境，透過實境推演，檢驗領導者語言素養、部門間應變協作與組織誠信傳遞力。聲譽危機的關鍵，從不是事件本身，而是「能否在高度張力中，讓社會看見責任感與誠意的可感知表達」。這就是「後設溝通能力」（meta-communication capacity）的意涵。

再者，應建立「危機後評估制度」，將每一次聲譽危機視為治理能力的測試場。例如東海大學在面對品牌弱化與價值模糊的背景下，選擇啟動「東海大學，看見未來」價值重建工程，強化AI與永續融合課程設計、主動回應招生期待與社會信任斷裂，最終在2024年躋身

THE世界影響力排名全球百大，重新贏得社會認同。這不只是行銷成果，而是聲譽危機治理轉為教育再定義的實踐範例。同理，富邦集團持續積極推動ESG、成立富邦美術館、公開內部治理程序與捐款透明報告，讓社會看見「制度化誠意」。這些案例皆顯示：聲譽修復若能深植制度與文化，便可從信任裂痕走向品牌升級。

為避免制度流於形式，聲譽治理應同步與ESG框架聯動。聲譽風險已不只是品牌公關問題，更涉及：

➢ 公司治理的透明度（G）

➢ 利害關係人的參與機制（S）

➢ 對社會信任資本的累積與實踐（E+S+G交集）

建議將聲譽納入ESG指標與董事會稽核報告，例如制定「年度聲譽信任報告書」、設立「誠信指數」評估教師與高階主管的治理信譽、並將重大聲譽事件納入內部稽核與高層KPI。這將有助於將聲譽從「抽象感知」轉為「治理資產」。

真正的韌性聲譽系統不應只是組織的防禦工具，而應是組織文化、價值與誠信的鏡像反射。聲譽修復的最高形式，不是「及時止血」，而是讓每一次風暴都成為組織升級與文化更新的起點。從東海的教育轉型、富邦的誠信治理，到大學教授假發票所揭露的制度斷裂，我們看見聲譽治理的三重命題：誠意能否被看見？責任是否被承擔？制度是否足以轉化教訓？

中文參考文獻

星宇航空 Starlux Airlines.（2024）。星宇航空延誤危機處理聲明與補救進度。取自 https://www.starlux-airlines.com

英文參考文獻

Benoit, W. L. (1995). *Accounts, excuses, and apologies: A theory of image restoration strategies*. State University of New York Press.

Coombs, W. T. (2007). *Ongoing crisis communication: Planning, managing, and responding* (2nd ed.). SAGE Publications.

Coombs, W. T. (2015). *Ongoing crisis communication: Planning, managing, and responding* (4th ed.). SAGE Publications.

Dowling, G. R. (2006). Reputation risk: It's the board's ultimate responsibility. *Journal of Business Strategy, 27*(2), 59–68.

Fombrun, C. J. (1996). *Reputation: Realizing value from the corporate image*. Harvard Business School Press.

Fombrun, C. J., & Van Riel, C. B. M. (2004). *Fame & fortune: How successful companies build winning reputations*. FT Press.

Mitroff, I. I. (2001). *Managing crises before they happen: What every executive needs to know about crisis management*. AMACOM.

Shoemaker, P. J., & Vos, T. P. (2009). *Gatekeeping theory*. Routledge.

Ulmer, R. R., Sellnow, T. L., & Seeger, M. W. (2018). *Effective crisis communication: Moving from crisis to opportunity* (4th ed.). SAGE Publications.

Chapter 10 從風險到行動 危機企劃策略方案的誕生與執行

　　危機企劃不是備案,危機的管理不應從事件開始,而應從制度設計與集體準備開始。在這個資訊暴衝、風險交織的時代,危機早已不是「是否會發生」,而是「何時發生」的必然議題。從高教醜聞、企業資料外洩,到政治人物失言、生成式AI引發的名譽風險,組織所面對的已不只是單一事件,而是長期信任維度的潰裂壓力。在此背景下,危機管理策略方案(Crisis Management Strategic Plan, CMSP),便不應再只是紙上演習的靜態計畫,而應是一套結合行動設計、心理安全與文化治理的「應對劇本」。

1│危機管理策略方案(Crisis Management Strategic Plan, CMSP)

❶CMSP的本質:不是為了危機,而是為了信任

　　我身為長年從事新聞與公關工作的實務者,深知第一線危機處理

的成敗，往往取決於事前的制度預備是否成熟。許多組織在面臨突發事件時措手不及，其根源往往不是反應速度太慢，而是從未將「危機管理」視為組織治理的一環。Mitroff一再指出，若了解危機的本質，它就是一種制度盲點的顯現，若缺乏演練與預案，最終必將誘發危機因子，讓系統陷入混亂與信任流失。

在這樣的理解基礎上，我們應該知道一份完善的計畫是重要的，危機管理策略方案（CMSP）的意義不僅是「應變流程」，更是一種「組織的文化信念書」。它以三大功能為主軸：

1. **預防危機發生的機制**：建立一份有意義的風險地圖與輿情監測方案，掌握脆弱點。
2. **減緩危機擴散的節奏**：清楚知道組織內的角色分工與語言策略，以控管衝擊。
3. **促進危機後的制度修復**：危機結束不代表聲譽修復完成，更不是組織可以鬆懈的起點。相反地，危機後的制度修復期，正是組織治理韌性與文化體質的真實考驗。如果沒有一套系統化的檢討與再學習機制，錯誤將再次發生，信任將無法真正恢復。

❷CMSP的設計架構：六大核心構面

一份有效的CMSP，應包含六個核心構面：

1. **預警與風險盤點**：建構危機地圖與敏感情境模擬，提早部署風險感知系統。

2. **行動腳本與角色分工**：明確定義誰在何時做什麼，避免「單點失效」導致組織癱瘓。
3. **內外溝通與通報系統**：設立媒體窗口與社群語言模組，維持外界訊息一致性。
4. **年度演練與動態修正**：每年至少一次情境模擬，並透過危機後回顧會議進行滾動修正。
5. **心理安全與信任管理**：確保成員在高壓下具備行動信心與制度依靠。
6. **制度文化與ESG連動**：將CMSP與組織治理指標、永續稽核機制進行整合。

Heath（2010）提醒我們，CMSP若無動態修正，最終只會淪為「紙上策略」，進入所謂的「僵化陷阱」（rigidity trap）。

❸文化視角下的CMSP：心理安全與價值共識

CMSP不僅流程面向，還具有深厚的心理與文化功能。Bundy et al.的研究指出，在面對壓力與突發情境時，擁有完整危機企劃書的組織，其成員表現出的情緒穩定度與行動效率，遠高於未規劃者。這是因為CMSP提供的不僅是步驟，更是一種「心理安全感」，讓組織成員在混亂中能依據預案行動，而非靠個人直覺反應。

此外，CMSP也是組織文化價值的體現。例如強調「誠意回應」的計畫，通常在風暴中能快速挽回信任；而只重視形象遮蔽的計畫，

則往往會在社群反彈下自爆。危機應變不只是應對，更是一次集體價值觀的檢驗。

❹東海大學與台積電：兩種策略實踐的啓示

在實務對照上，作者參與過東海大學在高教變局中的聲譽品牌提升計畫。在張國恩校長啟動《東海大學未來大學》目標後，我負責的公共事務處內部推動《東海大學，看見未來》計畫，強調信仰精神、AI教學、永續治理三位一體，並同步建立危機事件處理流程、教育倫理審議機制與跨單位通報平台。這不只是策略，也是一種組織「價值共識再召喚」的行動。

同樣地，台積電（TSMC）在科技領域的表現不僅來自技術，而是源於其制度化風險管理體系。台積電的董事會設有風險與永續委員會，定期推演「天災」、「斷鏈」等假設情境，建立包含媒體、政府、客戶與內部溝通的四軸預案流程。他們的CMSP不寫在簡報中，而刻在組織的運作邏輯裡。

這兩者雖屬不同產業，但共同體現出：策略企劃不是為了展示，而是為了能在關鍵時刻「動得起來」。

❺新聞與公關人眼中的策略真諦

在重大爭議爆發後，外界期待的不只是回應，而是「你有沒有早就準備好」。我曾站在新聞現場，看見失序的大學因誤判輿情而延

誤說明；也曾在企業危機中協助高層擬定聲明，在24小時內平息網路怒火。這一切的前提，都仰賴一份清楚、靈活、被認同的策略方案。CMSP的價值，不是你寫了多少，而是它在真正風暴來臨時，是否成為你與團隊心中的「預演場景」。它是防火牆、是羅盤，更是一種制度化的勇氣。

◆讓策略成為信任的語言

危機管理從來不是完美應對，而是系統學習的開始。當CMSP從紙本走入組織文化、從應變工具轉化為信任語言，組織便不再畏懼風暴，而是能在風暴中建立韌性，延伸未來。策略，不再只是為了危機；而是為了讓信任，有跡可循，有章可循。

2｜策略報告書的基本結構與撰寫方法

策略報告書是危機管理規劃的具體化產出，不僅承載組織的應變意志與行動意圖，更是向內部成員與外部利害關係人溝通的重要工具。有效的策略報告書，必須具備「清晰邏輯」、「實作導向」與「可滾動更新」三大特性（Penrose, 2000）。

「清晰邏輯」指的是報告必須有明確的脈絡架構，例如從風險情境分析、影響評估、資源配置，到訊息管理與媒體應對，皆須環環相扣、便於決策。「實作導向」則要求報告內容不僅停留在政策願景或

原則聲明，更須提出可執行的SOP（Standard Operating Procedures），例如具體回應語句範本、跨部門通報流程、記者會Q&A清單等。而「可滾動更新」意味著該報告應設有定期檢視與版本控制機制，隨情勢變動與外部風險擴散狀況滾動修正，保持其策略敏捷性與實用價值。此外，策略報告書也是組織內部協調與外部說服的橋梁。在危機壓力下，它能提供員工一致的行動方向，降低訊息錯位與認知焦慮；對外，它則是重建信任與展現誠意的政策承諾書，是策略溝通的核心媒介。

❶ 報告書基本架構

一份有效的危機管理策略報告書（Crisis Management Strategic Plan, CMSP），就像是一場尚未上演的劇本，但每一頁都必須能在真實現場中被「演得起來」。我深刻體會到：CMSP不應是網絡上下載的文件，而是一份能在危機來臨時指導行動，創造信任節奏的「預演劇本」。

在我過去擔任聯合報記者的過程中，我曾多次親歷重大社會爭議或政府決策的第一線，看見在媒體放大鏡之下，哪些組織能穩健應對，哪些則因語言錯誤或失當延遲而引爆更大危機。進入大學體系之後，我轉任公關與行政職位，更深刻理解危機管理不只是話語的技巧，更是跨部門系統整合的能力。這樣的經歷讓我深信，一份CMSP的價值不僅在危機來臨時能派上用場，更重要的是它能在平時成為訓

練、溝通與制度思維的依據。

一般考量下，危機報告書具有八大核心構成：

①「封面與標題頁」

包含報告書名稱、擁有單位、成品日期、編輯人員及版本記錄，推薦添加「機密」或「限內部傳閱」標示，以確保文件保密性與責任分置。當年我在聯合報製作深度專題時，即學習到一份好資料的基本條件在於清楚標註版本與負責人，這同樣適用於危機文件的製作。

②「執行摘要」

提供總覽性簡報，對危機簡要、策略目標、主要行動、預期效益進行概述，便於高階統管在限時下快速理解形勢，同時用作為多組織互相分工的「總指南線」。我曾多次見證在校園危機事件中，若缺乏明確摘要導引，將導致高層訊息誤解或部門錯位，錯失應對黃金時間。

③「背景說明與分析」

分析組織環境，例如PEST（政策、經濟、社會、技術）或SWOT（優勢、缺點、機會、衝擊）手法，有助於分析多種危機源頭與成因條件，幫助預測未來的急性險境和操作環境。我在東海大學協助校務溝通時，就嘗試使用SWOT分析工具，幫助各單位盤點聲譽風險與潛

在挑戰，提前建立策略方針。

④「危機類型與應對原則」

分類危機種類（公共安全、職場爭議、媒體誤導、聲譽危機、網路謠言等），配合應對原則，如「誠實」、「速度」、「關懷」、「公開」。其意義在於幫助高層親自表態或對外發聲時，可從原則緊控、選言行動，避免反應失當導致常態性損傷。

⑤「策略目標與測量基準」

使用SMART標準（具體、可測量、可達成、相關性、時限性），指定連續因應行動的目標值，例如「24小時內完成內部通報」、「7天內完成第一階段修復」等，讓內部行動更具方向與效率。我在新聞單位時即發現，媒體關心的不只是發聲與否，而是組織是否有清楚的進度表與責任架構。

⑥「行動計劃與任務分工」

使用時間軸和序列設計，分為「事前防範」、「事中控制」、「事後復原」三階段，對應各組織單位與個人責任進行確認。建議以視覺化方式展示其基本邏輯與時程配置。在東海大學，我亦曾參與校務危機的應變模擬演練來協助跨部門即時同步。

⑦「危機演練、媒體對應與社群管理策略」

定義發言人制度，媒體關係轉換與回應路徑，社群帳號作業手冊、回應模範語彙等，同時分析內部與外部訊息傳遞端。作為公關實務者，我最常提醒同仁的是：一則未審慎發表的FB貼文，可能在10分鐘內擴散至上萬人，若無SOP支援語言與應對節奏，極易從語誤演變成信任危機。

⑧「檢討與正向機制」

根據Ulmer et al.、Coombs等學者觀點，一份成熟的CMSP應包含「後續審讀」、「行動量化」、「週期更新」與「經驗教訓轉化」四大要素，並應有專責辦公室或責任單位負責追蹤紀錄與機制化實踐，建立「沉澱－學習－優化」的滾動式修正制度。

總結而言，從新聞現場到校園治理，我深刻感受到：一份策略報告書，不只是應變的劇本，更是凝聚組織記憶、鍛造制度肌理的工程。它教會我們如何在混亂中找準節奏，在質疑中穩住語言，在風暴中建構可持續的行動力量。

❷撰寫技巧與注意事項

一份有效的危機管理策略報告書，不僅在於內容是否完整、策略是否前瞻，更關鍵的是：它能否在第一線危機現場中「說得清

楚、看得明白、做得下去」。作為曾歷經新聞第一線、企業公關與大學行政實戰的我深知，撰寫這類報告書，絕非紙上談兵，而是一場語言與行動的鍛鍊。

首先，語言應務實而明確。我過去在聯合報撰寫重大新聞時，最忌的便是用模糊詞彙讓事實流失。危機策略報告亦然，絕不能寫成口號集或標語牆。「迅速處理危機」不如寫「危機發生後1小時內完成初步媒體應對」，「積極提升組織危機意識」不如寫「每季舉辦一次跨部門危機模擬演練」。明確的語言，才能形成有效指令，讓行動人員在高壓時刻有憑可依，不致群龍無首。

其次，視覺化工具是讓報告變得真正「可讀」的關鍵。我在東海大學的行政協調經驗中深刻體會到，不同單位對於長篇文字的接受度與理解力各異，這時候甘特圖（Gantt Chart）、風險矩陣（Risk Matrix）、責任分工矩陣（RACI Chart）就成了溝通的橋梁。流程圖可以揭示行動節奏，風險矩陣有助於精準研判哪些事件需優先處理，誰該負責、如何評估，圖像一出，比千言萬語更具說服力。

第三，若組織曾進行危機模擬演練，那麼報告就應納入模擬結果與調整歷程，體現策略報告「來自經驗、進入制度」的實戰價值。我曾主導東海校內危機演練，其中最有價值的，往往不是演練順利與否，而是那些暴露出來的斷點與壓力測試。演練回饋不只是結語，更應該成為下一次優化行動計畫的基礎。這部分若能以附錄方式整合，報告的可信度與實用性將大幅提升。

最後，一份策略報告若能善用專業理論架構，更能為組織建立起一套知識性的「公共說帖」。例如業務持續管理系統中的應變思維、以及 Fink's 四階段模型（潛伏期、觸發期、急性期、恢復期）作為危機節奏的框架參照。這些理論不只是裝飾，而是幫助我們在混亂中抓穩節奏，校準判斷的工具。若能再對照如星宇航空、台積電、或歐美知名大學的實例，更可提供領導者參照與啟發。

撰寫危機管理策略報告書，不是靜態的公文，而是一場思維整備與行動召喚。只有當語言夠精準、邏輯夠清晰、視覺夠有力、且內容來自實務與理論的交匯，這份報告書才真正具備引導組織「不失聲、不亂陣、有節奏」面對下一場風暴的能力。

❸ 案例簡略範本

報告名稱：東海大學校園突發公共事件危機應變策略方案

撰寫單位：公共事務暨校友服務處 × 學生事務處

摘　　要：面對傳染病風險上升與校園突發公共事件頻率提升，東海大學制定本應變策略方案，核心目標為確保師生安全、維繫教學品質、穩定社會觀感與守護學校聲譽。公共事務暨校友服務處作為外部溝通與校譽維穩的第一線窗口，負責整合媒體應對、訊息發布、校友支援與輿論監控等四大關鍵任務。

①策略架構與危機目標設定

本方案設立三大策略目標：

第一，三日內完成校內疫情通報與防疫物資分配，確保第一線人員與學生安心；

第二，七日內完成教學全面轉型，支援教師進行遠距教學操作、維持學習連續性；

第三，十四日內整合事件資料與輿情回饋，提出永續改善方案並向全校師生與校外利害關係人說明應對成果。

②公共事務處職責與行動內容

公共事務暨校友服務處將透過以下四項策略展開危機應變行動：

1. **主動式媒體回應**：即時發布校園狀況通報與應對進度，制定每日對外訊息節奏與QA稿，主動聯繫主流媒體進行正向溝通，防止錯誤訊息擴散。

2. **校內訊息一致性管理**：整合各單位訊息，製作校內公文、電子公告、EDM與師生問答清單，確保內部師生理解一致，避免產生多重說法與認知焦慮。

3. **校友支援網絡啟動**：透過校友會、系友會與海外分會協助資訊轉達、物資募集與捐助支援，並成立「校友關懷熱線」，協助校友與學生家庭獲得即時溝通與資源連結。

4. **輿情監控與預警通報**：建置24小時線上輿情監測系統，掌握社群關鍵字變化與媒體報導動態，針對異常輿論高峰快速研擬回應腳本，預防次級危機形成。

③行動計畫與成效評估

本報告亦搭配甘特圖形式呈現各階段行動對應時間、人員分工與資源配置，並訂定KPI指標（如每日媒體回應率、教學轉換完成率、學生滿意度問卷等），作為後續檢討與制度優化依據。

透過制度化回應、跨單位協調與高頻率溝通，公共事務暨校友服務處將持續扮演東海大學危機傳播核心中樞，協助學校在每一次挑戰中站穩腳步、強化信任、邁向更具韌性的未來。

3│危機企劃書的格式與行動策略範本

一份優秀的危機企劃書，應兼具「預測力」與「行動力」，不只是針對過去經驗的總結，更是面對未來不確定風險的應對藍圖。Coombs強調，危機企劃書的核心目的在於協助組織於高壓情境中迅速整合資源、清晰溝通並展開行動。因此，其撰寫格式需嚴謹而具彈性，能依照危機類型快速切換內容模組，達成「模組化備戰、系統化回應」的效果。

❶ 危機企劃書的基本格式

① 封面報告標題

（如：「品牌形象風暴危機應變企劃書」）、撰寫人、單位、日期、版本。

② 版本紀錄與檢討表

建立每次修訂版本之紀錄表與內容摘要，利於滾動修正與責任追溯。

③ 危機情境描述

以事實與資料簡述危機來源、演變歷程、涉入對象與輿論概況，建議以圖表輔助呈現（如事件時間軸、影響層級矩陣）。

④ 利害關係人分析

運用Stakeholder Map方式，區分核心利害者（顧客、媒體、主管機關、內部員工等），分析其關注議題與潛在反應。

⑤ 目標設定與KPI設計

根據SMART原則設定行動目標，並納入可追蹤之關鍵績效指標（Key Performance Indicators, KPI），例如：「24小時內社群負評下降50%」。

⑥ 危機應變分工與任務矩陣

明列行動小組、人員角色與通訊機制,建議使用RACI模型(Responsible, Accountable, Consulted, Informed)標示任務責任歸屬(Fisher, 2000)。

⑦ 行動策略與操作步驟

依時間序列(黃金30分鐘、黃金4小時、黃金24小時)提出具體行動,包括:資訊蒐集、媒體回應、內部簡報、外部聲明、社群管理與影響評估。

⑧ 標準話術與新聞稿範本

提供危機期間之標準發言內容(Q&A Format),並附上預擬新聞稿格式,減少臨時撰寫壓力。

⑨ 資源配置與預算估算

包含人力需求、外部顧問、廣告預算、法務支援等項目。危機管理經費應於平時納入年度預算預備金。

⑩ 結尾與附錄

附錄應包括:歷年演練紀錄、風險盤點表、媒體聯繫名單、危機通報SOP等。

在組織面對突發聲譽風險與社群輿論危機時,「危機企劃書」扮演著內外協調、快速應對與重建信任的關鍵角色。它不僅是應變的操作手冊,更是對外展現組織專業、責任與透明的核心文本。而真正完整的危機管理工作,並不止於撰寫企劃書,更在於能將其轉化為一份具有說服力的「危機管理報告」,對內整合、對外傳達。

以「社群媒體惡意評論與品牌聲譽損害」為例,策略模版應具備即時性與程序性。第一步是在危機發生30分鐘內啟動應變機制,召開跨部門視訊會議,確認事件性質與風險等級。1小時內,由授權發言人發出初步聲明,以穩定輿論節奏與情緒;3小時內設立危機Q&A頁面與專責窗口,統一說法與語調,避免部門各自表述。隨後依序進行社群聲量監測（6小時）、媒體說明會（12小時）、品牌回應影音製作（48小時）、針對負面評論回收與簡訊補償通知（72小時）,構成一個緊湊卻有條理的危機應對節奏表。

此類案例雖具操作性,但若未進一步整合為系統性報告,將難以為組織留下長期治理的足跡。危機管理報告的撰寫,應依循「PRIL邏輯架構」,Problem（問題）、Response（應對）、Impact（影響）、Learning（學習）,以呈現危機全貌。在問題階段,需完整交代事件起始背景、風險擴散路徑與初步調查結論。資訊若過度保留或語焉不詳,不僅無法建立事實信任,亦容易讓外界認為組織意圖淡化問題。透明,是危機溝通的第一誠意。其次,在應對部分,報告應梳理從事件發生到應對行動的所有流程節點,包括時間表、指揮鏈條、內外訊

息發布節奏與跨部門協調情形。可視化呈現，可有效提升可讀性與組織判斷。

在影響段落中，必須誠實評估危機對組織帶來的損益影響，包括品牌形象、社群聲量、人員流失、財務波動與法務風險。若能搭配媒體分析圖表、滿意度調查、KPI差異數據，則更具實證說服力。

最關鍵的，是最後的學習階段：組織能否從危機中學到什麼？是否召開內部檢討？是否已形成修正路線？是否將新標準內建至SOP？這些都是外部利害關係人極為關心的重建承諾訊號。此部分若空洞，則整體報告將流於「災後總結」而非「治理升級」。

在撰寫風格上，應以第三人稱為主，保持冷靜、中性、客觀的語氣。語句避免帶有辯解、情緒或推託意味，而應展現出組織「主動承擔、願意改進」的核心態度。例如，「本單位於10:35接獲初步通報，並於11:10完成指揮通報線啟動程序」即是一種高度清晰且無情緒性的寫法。

事實與評論亦應分離，可搭配「事實盒」（Fact Box）呈現關鍵數據、決策時點與成果指標。圖像輔助也極為重要，例如社群聲量變化圖、事件時序軸、影響範圍分布圖與責任分布圖等，皆可增強閱讀效率與傳達深度（Reynolds & Seeger, 2005）。最後，語言應簡明扼要，避免過度專業術語堆疊。危機報告多半是提交給高層主管、董事會成員與外部監理單位閱讀，必須講求「一頁即知核心」的摘要邏輯。建議搭配「One-Pager Summary」放置於報告首頁，協助高層掌握全局。

總結而言，危機報告不是為了「美化失誤」，而是為了「展現誠意」。它是組織與社會之間重新建立信任、回應責任與展示治理成熟度的關鍵文字工程。在AI語言生成、社群放大效應與即時輿情場域下，一份有邏輯、有事實、有行動、有學習的危機報告，才真正具備「領導風暴」的能力。

參考文獻

Benoit, W. L. (1997). Image repair discourse and crisis communication. *Public Relations Review, 23*(2), 177-186. https://doi.org/10.1016/S0363-8111(97)90023-0

Bryson, J. M. (2011). *Strategic planning for public and nonprofit organizations: A guide to strengthening and sustaining organizational achievement* (4th ed.). Jossey-Bass.

Bundy, J., Pfarrer, M. D., Short, C. E., & Coombs, W. T. (2017). Crises and crisis management: Integration, interpretation, and research development. *Journal of Management, 43*(6), 1661-1692. https://doi.org/10.1177/0149206316680030

Coombs, W. T. (2007). *Ongoing crisis communication: Planning, managing, and responding* (2nd ed.). Sage Publications.

Coombs, W. T. (2012). *Ongoing crisis communication: Planning, managing, and responding* (3rd ed.). Sage Publications.

Coombs, W. T. (2015). *Ongoing crisis communication: Planning, managing, and responding* (4th ed.). Sage Publications.

Doran, G. T. (1981). There's a S.M.A.R.T. way to write management's goals and objectives. *Management Review, 70*(11), 35-36.

Fearn-Banks, K. (2017). *Crisis communications: A casebook approach* (5th ed.). Routledge.

Fink, S. (1986). *Crisis management: Planning for the inevitable*. AMACOM.

Fisher, R., Ury, W. L., & Patton, B. (2000). *Getting to yes: Negotiating agreement without giving in* (2nd ed.). Penguin Books.

Heath, R. L. (2010). The rhetorical nature of crisis communication. In W. T. Coombs & S. J. Holladay (Eds.), *The handbook of crisis communication* (pp. 35-57). Wiley-Blackwell.

Penrose, J. M. (2000). The role of perception in crisis planning. *Public Relations Review, 26*(2), 155-171. https://doi.org/10.1016/S0363-8111(00)00038-2

Reynolds, B., & Seeger, M. W. (2005). Crisis and emergency risk communication as an integrative model. *Journal of Health Communication, 10*(1), 43-55. https://doi.org/10.1080/10810730590904571

Wooten, L. P., & James, E. H. (2008). Linking crisis management and leadership competencies: The role of human resource development. *Advances in Developing Human Resources, 10*(3), 352-379. https://doi.org/10.1177/1523422308316450

Chapter 11 ｜從危機管理中看見永續

每一次劇烈變動的背後，往往潛藏著一場通往未來的邀請函。危機，不只是破壞的代名詞，更可能是永續目標的裂縫。當舊有的秩序被打破，當熟悉的常態不再，我們被迫重新思考：我們真正要守護的是什麼？我們的系統是否足以承受未來的不確定？而我們，是否已準備好在破碎中尋找重建的智慧？

1 ｜危機中的永續契機：從應急到長遠的思維轉化

永續（sustainability），如今已成為全球的核心關鍵詞。從企業經營、城市治理到氣候行動，無一不在強調如何兼顧經濟發展、環境保護與社會福祉的三重底線。聯合國《2030永續發展目標》（SDGs）強調：「我們所追求的，不僅是生存的延續，更是繁榮與公平的實現。」而在這個永續的字眼中，危機的角色不再只是打擊與考驗，而是催化與轉機。

系統動態理論（Systems Dynamics Theory）指出，複雜社會中的任

何衝擊，若能被善用為反思與學習的機會，就能成為制度創新的節點（Sterman, 2000）。在這樣的觀點下，危機宛如一次深層檢測：檢測我們的系統是否具備「韌性」，能否適應、吸收、甚至因應衝擊而更強大。這正是納西姆・塔雷伯（Taleb, 2012）所提出的「反脆弱」（antifragile）概念：一個真正強韌的系統，不只是避免脆弱，而是能夠從衝擊中成長，讓混亂成為進化的燃料。

因此，永續並非單純地維持現狀，而是持續調整與回應變遷的能力。在「脆弱」與「反脆弱」之間，永續體現在我們是否能透過每一次危機，創造更能適應未來風險的制度、更包容多元的文化、更具前瞻的治理方式。危機管理，在此脈絡下，不再只是對意外的處置，而是一場關於未來的設計工程，是讓未來願景在現實動盪中逐步成形的起點。

❶從災難中打開未來視角

新冠疫情期間，全球社會體系幾乎被按下了重啟鍵。航空業歸零、學校關閉、醫療超載，一切看似失控，但正因為這場大規模系統失靈，人類第一次以如此集體的方式，意識到：我們與地球、與彼此，其實如此息息相關。這場疫情所帶來的不只是衛生危機，更是一種永續觀念的深度覺醒。根據聯合國永續發展報告指出，全球有高達85%的企業，在疫情後將「ESG策略」、「員工健康管理」與「供應鏈重構」納入董事會層級的議程（UN SDG Report, 2021）。危機讓我們看見永續，因為它暴露了過往系統中的短視與僥倖，而永續，正是

對這種「只問當下」的反思與回應。

❷ 危機與永續的雙向鏡面

表面上，危機管理與永續發展看似分屬兩個世界，一個處理突發、一個強調長期；一個聚焦減損、一個注重增益。但若從韌性（resilience）的角度來看，它們其實是一體兩面。

永續，不只是美好的遠景，更是一種在多變世界中持續前行的適應能力；而危機管理，則是這種能力被迫啟動時的應變藝術。當二者互相交織，便形成了「永續韌性」（sustainable resilience）的概念，一種能因應當下風險、又能布局未來生存與繁榮的思維體系（Chelleri et al., 2015）。危機是一場壓力測試，永續則是這場考驗後的制度答卷。

❸ 疫情期間的轉機：制度創新與文化轉向

以台灣為例，COVID-19疫情推動的不只是醫療體系改革，也催生出數位教育、遠距辦公、低碳轉型等政策創新。例如：

- 教育部導入數位學習推動方案，讓偏鄉教育數位落差成為公共議題；
- 行政院國發會提出「疫後特別預算」，加速永續運輸、綠能科技的布局；
- 民間企業如台積電則強化供應鏈碳盤查機制，將氣候風險納入ESG評估。

推動數位教育多年的東海大學校長張國恩也說，這些改變原本可能要數十年才會發生，卻因危機而在短短幾年內完成制度轉彎。這正是一種「由危轉機」的最佳實例。

❹面對未來風險：重新思考何謂「永續」

永續發展（sustainable development）本質上是一種道德承諾，即對未來世代的責任。但在面對氣候變遷、地緣衝突、資源枯竭等跨世代危機時，若沒有具體而靈活的「風險辨識與管理能力」，永續將成為空洞口號。

因此，我們應將永續視為一種動態風險治理的長期策略，必須在災難發生前設想最壞情境，在日常制度中建構防災與回復機制。例如：

- 將氣候風險納入都市規劃法規（如荷蘭「海平面模擬城市模型」）；
- 在企業年報中編列「非財務風險指標」（如碳風險、勞權風險）；
- 學校教育納入永續危機模擬與AI決策演練課程。

永續不再是遠方的烏托邦，而是此時此地的風險設計與價值選擇。當我們從一場災難中艱難走出，若仍選擇回到原點、重啟昨日的步伐，那危機便只是損失的代名詞；但若我們從傷痕中學習，從恐懼

中整合,並重新設計制度與價值,那危機便成為永續的起點。

2｜危機管理作為永續治理的催化劑

　　危機管理與永續治理在傳統政策領域中常被視為兩個不同的系統。前者關注突發事件的控制與復原；後者則專注於長期目標的實現與資源的永續利用。然而,隨著全球系統性風險的上升,例如氣候變遷、公共衛生危機與供應鏈中斷,這兩者之間的邊界正逐漸模糊。危機管理不僅是處理突發事件的技術,更應被視為促進永續治理轉型的推進器。從制度演化的角度看,危機所引發的社會與政策壓力,能成為改革與創新的政策窗口,推動組織導入更有前瞻性與系統性的永續治理機制。

❶危機與永續治理之關聯性分析

　　根據OECD（2020）對COVID-19危機的初步觀察,多數會員國在疫情期間被迫重構其公共衛生、教育、能源與數位基礎設施系統,並在事後將這些變革整合為中長期的永續發展策略。

　　危機與永續治理的關聯可從以下幾個面向理解：

1. **政策學習與制度調整**：危機促使政府與企業重新評估既有風險評估與管理架構,形成制度創新的契機（Boin et al., 2017）。
2. **跨部門整合與治理能力提升**：危機暴露出治理碎片化問題,

進一步促使部門協同與流程優化，提升整體治理韌性（OECD, 2020）。

3. **利害關係人參與擴大**：應對大型危機往往需要動員多方資源，有助於培養多元參與與透明決策的制度文化。

❷ 危機管理對永續治理的轉化效應

若將危機管理視為永續治理的催化劑，則其轉化過程可具體化為以下五項治理層面的升級：

危機治理與永續升級對照表

升級面向	危機管理導入前	危機管理導入後提升
風險辨識方式	靜態分類、部門導向	動態監控、系統風險評估
決策流程	單向式、上對下	多方參與、跨部門整合
組織韌性	回復原狀（recovery）	結構調整與創新（transformation）
資訊管理	區塊分散、透明度不足	建立資料平台與即時回報機制
社會信任與回應	被動溝通、事後補償	主動回應、價值傳遞、風險教育

❸ 台積電案例：從風險管理走向制度創新

作為全球最先進且規模最大的專業積體電路技術與製造服務業者，台積電面對氣候變遷帶來的營運挑戰，並未將風險管理視為單一環保部門的任務，而是提升至企業戰略核心，進一步推動制度性創新與韌性治理。

在氣候行動上，台積公司於近年提出完整的淨零排放藍圖，明

確設定短中長期目標：自民國114年起承諾碳排放「零成長」。100%使用再生能源被視為關鍵策略，積極響應國際RE100倡議，並於111年再生能源使用率首次突破10%。同時，台積電設立「節能減碳委員會」，強化節能技術與再生能源導入，並於同年建立碳權採購標準，導入4項自然碳權專案，使海外據點提前達成範疇一「製程直接排放」與範疇二「能源間接排放」的淨零目標。

此外，該公司依循氣候相關財務揭露工作小組 TCFD（Task Force on Climate-related Financial Disclosures）架構，揭露氣候風險對營運的潛在衝擊，並納入策略與財務決策考量，從財務透明邁向制度治理的深水區。生態面向上，依聯合國《生物多樣性公約》與永續發展目標（SDGs）精神，台積電於112年發布《生物多樣性宣言》，實踐科技與自然和諧共生的雙軌治理模式。

進一步而言，台積電並未止步於環境合乎法規，而是以更系統性的制度設計將風險治理轉化為企業核心能力：

- **內部管理機制**：建置高效能再生水循環系統，2022年水回收率達87%以上，提升製程用水效率。
- **外部治理參與**：與地方政府協作興建南科再生水廠，提升區域水資源調適能力；並以碳權品質控管機制強化價值鏈碳管理，體現企業公民責任。
- **制度性永續報導**：採行TCFD（Task Force on Climate-related Financial Disclosures），設置氣候指標、風險情境與回應策略，

並同步規劃至139年達成全價值鏈淨零排放的時間路徑與治理目標。

❹制度設計建議：將危機治理納入永續框架

為強化永續治理體系的整合性與應變能力，建議政府與企業可從下列制度創新面向推進：

1. **建立跨部門風險治理平台**：整合氣候災害、資源配置與環境風險數據，提升協作與決策效率。
2. **強化預警與模擬機制**：導入如TCFD架構與數位雙胞胎（Digital Twin）等工具，進行情境模擬、風險預判與政策壓力測試。
3. **推動危機後回饋系統化**：將企業或政府危機經驗制度化，納入政策學習、課程設計與公民教育，培育韌性文化。
4. **明確訂定永續型危機KPI**：如面對能源中斷時的碳排放應變指標、或水資源短缺時的區域協力機制，將風險控制與永續發展目標進行對接。

危機管理若僅停留在技術層次，便無法支持治理體系面對未來的高複雜挑戰。而當它被視為一套**制度性設計方法**，其應變經驗可成為推動永續治理轉型的制度學習資源。

3 ｜從社會信任到企業責任：風險溝通中的永續語言

永續治理的推動，除了制度設計與風險管理能力，有效的溝通策略也是不可或缺的關鍵要素。尤其在危機情境中，社會大眾對於資訊的掌握、信任的建立，以及企業／政府的回應態度，將深刻影響永續目標能否持續推進。

❶風險溝通的概念與永續意涵

風險溝通（Risk Communication）傳統上是災害管理或公共衛生的一環，強調資訊傳遞、行為引導與風險感知管理。然而在當代永續發展架構下，它的角色已大幅擴展，包括：

- 提升大眾對複雜風險（如氣候變遷、能源轉型）的理解能力
- 增進利害關係人之間的透明對話
- 轉化技術與政策語言為公民可理解的內容
- 鞏固社會對企業永續行動的信任與支持

因此，風險溝通不僅是訊息傳遞，更是**價值協商與信任建構的治理工具**（Covello & Sandman, 2001）。

❷風險溝通與企業責任之關聯性

企業作為資源運用與社會影響的重要行動者，其風險溝通能力已成為企業責任（Corporate Responsibility, CR）與ESG評比中的一項關鍵

評量標準。

具備高品質風險溝通能力的企業，通常表現在下列行為上：

1. **主動揭露風險資訊**（如供應鏈中斷、氣候風險情境、社會議題回應）
2. **使用多語言與多媒介進行跨族群溝通**（例如針對不同世代設計社群內容）
3. **與利害關係人建立持續對話平台**（例如定期舉辦ESG論壇、民間審議平台）
4. **將風險回應視為品牌信任資本的一部分**

這種溝通能力，進一步強化企業的「社會許可權」（Social License to Operate），提升其在重大危機後的復原力與社會容忍度（Gunningham et al., 2004）。

❸風險溝通中的永續實踐策略

Case 1｜星巴克的種族爭議事件與溝通回應（2018）

當星巴克美國門市因員工種族歧視行為引發抗議時，企業第一時間未採取防衛式聲明，而是公開承認問題並宣布全美門市暫停營業一日進行「種族偏見訓練」。該舉動傳遞出對社會議題的高度敏感與責任意識，也成功將品牌從負面聲量中脫困。永續企業不迴避爭議，而是善用風險溝通的窗口，強化其價值主張。

Case 2|台積電的氣候風險揭露與ESG溝通框架

台積電透過TCFD架構進行氣候相關財務揭露,並在其永續報告中明確說明極端氣候對製程、水資源與供應鏈的潛在衝擊,亦積極參與ESG投資人說明會,建立可信賴的風險資訊對外傳遞管道。當風險溝通內嵌於治理制度中,將轉化為企業長期穩健經營的語言工具。

❹溝通挑戰:風險感知落差與資訊不對稱

風險溝通的最大困難之一,在於**群體對風險感知的差異**。研究指出,民眾對科技風險、氣候風險等高度不確定性議題,容易產生誤解或情緒化反應(Slovic, 1987)。此外,企業與政府雖掌握大量技術性資訊,卻往往缺乏有效轉譯與包裝能力,導致資訊雖透明卻無效,影響社會信任的建立。

建議如下:

- 強化風險視覺化工具
- 訓練高階主管具備危機說明與永續敘事能力
- 設計雙向溝通管道(社群即時回應、問答平台、利害關係人回饋機制)

❺制度建議:建立風險溝通導向的永續策略

為了強化風險溝通在永續治理中的角色,企業與政府可考慮以下

制度性設計：

1. **納入ESG溝通能力評量**（例如員工ESG知識普及率、社群互動成效）
2. **設立永續訊息審議委員會**，確保公開資訊內容具備可理解性與回應性
3. **培養永續發言人制度**，讓組織具備一套應對風險的語言框架與價值立場
4. **推動「風險教育」進入校園與社區**，建立基本風險識讀與判斷力

風險溝通是連接知識與行動、責任與信任、危機與永續的關鍵橋梁。在資訊爆炸與社會不確定性高漲的當代治理結構中，唯有透過制度化、前瞻性與參與導向的溝通策略，才能真正讓永續成為一種社會共識，而非治理精英的語言。

4｜危機模擬、回復與教育：永續治理的策略實踐

永續治理若要從理念走向落地，除了制度設計與風險溝通，更需依賴具體的操作工具與能力養成機制。當面對高風險、跨領域與複雜性的挑戰情境時，危機模擬、回復設計與教育訓練便成為實踐永續治理不可或缺的技術支柱。

透過危機模擬（simulation）、復原設計（recovery planning）、與風險教育，建立一套可操作、可持續的治理工具系統，以提升社會與組織在災前準備與災後復原中的長期韌性。

❶危機模擬作為預警與學習工具

危機模擬（Crisis Simulation）是一種風險情境演練技術，透過虛擬或實地模擬事件過程，使決策者與相關單位得以在非真實情境中熟悉應變流程、識別弱點、強化協作能力。其特點包括：

- 強調多部門參與與資源協調測試
- 揭露SOP與人員訓練中的不足
- 培養跨層級應變意識與即時溝通技能

目前在許多高風險領域中，如核能安全、航空交通、金融體系與公共衛生，模擬訓練已成為標準流程之一。OECD（2021）指出，危機模擬有助於建立「韌性預警文化」（resilience foresight culture），將危機預測能力與組織記憶制度化。

❷回復設計的制度化：災後不是重建而已

永續治理不只關注危機發生時的應變能力，更關心災後社會與制度是否能「更有韌性地站起來」。這需要制度化的回復設計（Recovery Planning），其關鍵包括：

1. **訂定回復階段的時間表與責任分工**：如24小時內通訊恢復、72小時內交通疏通、七天內學校復課等
2. **納入永續發展原則**：確保重建工作不造成資源浪費與社會不平等
3. **建立評估機制與知識管理系統**：將每次回復經驗記錄，形成知識資料庫，作為日後政策修正依據

❸ 風險教育與永續素養的系統培養

在高度不確定與風險交織的時代，危機模擬與回復設計已不再只是緊急應變的附屬項目，而是一項需要從根本教育、制度建構到文化深化的長期治理工程。尤其在氣候變遷、假訊息擴散、能源轉型與極端天災日益頻繁的背景下，「風險素養（Risk Literacy）」與「永續素養（Sustainability Literacy）」已成為21世紀個人與組織不可或缺的基礎能力。有效的危機模擬與回復設計，必須從學校教育、企業內訓、社區與終身學習三個面向同步建構，以形成全社會的韌性網絡：

①學校教育：從「知識傳授」走向「實境體驗」

危機素養的培育，應自學校教育階段即展開。傳統課程多以自然科學、地理或公民領域片段帶入風險議題，然而面對當前跨界風險特性，課程設計更需橫向整合與模擬實作。例如，將氣候風險、假訊息危機、資源枯竭等議題納入跨學科課程之中，不僅幫助學生理解問

題本質,也訓練其辨識、預測與回應能力。實務上可發展如「防災桌遊」、「水資源角色扮演」等模擬教材,透過遊戲化與情境設定引導學生體驗壓力下的決策困境,甚至結合AI與GIS空間分析工具,模擬災害傳播或資源分布,提升學生「科技與風險」的連結理解。

同時,學校亦應結合地方資源推動SDGs行動,發展如「校園微型避難演練」、「永續校園任務闖關」等計畫,讓學生從身邊開始建立永續行動的概念與操作經驗。

②企業內訓:將「韌性領導」納入決策核心

面對供應鏈斷鏈、碳邊境稅、社群輿情風暴等壓力,企業的危機管理不能再僅靠公關應變,而必須將「預防性風險治理」納入高階領導訓練核心。建立「永續危機領導人」課程,不僅涵蓋碳盤查、能源調度、社會風險溝通與供應鏈責任等硬技能,更應加入如「社群危機模擬」與「輿情攻防演練」等高互動模組,讓主管在實戰中練習冷靜溝通與價值立場傳遞。此外,企業可將「情境決策演練」納入高階管理層的年度評鑑制度,建立從董事會到中層主管的風險辨識與責任歸屬文化。例如,透過設計一日危機模擬營隊,讓部門主管在面對虛擬但真實擬真的危機時做出選擇並回應,從錯誤中學習、從失誤中成長,這樣的訓練遠比制度文件更具實效。

③社區與終身教育：讓每個人都能成為「韌性公民」

風險素養的深化不能停留在學校與企業，社區與終身學習更是韌性社會的基礎。建議推動「社區韌性推廣員制度」，招募退休教師、在地志工或青年夥伴，接受基礎防災、資源循環與社群溝通訓練，協助居民建立自助與互助的風險對應機制。此類制度在日本、德國、荷蘭等國早已行之有年，推廣效果良好。

政府可與媒體與平台合作，推出免費的「線上風險素養課程」，主題涵蓋氣候災難應變、能源轉型知識、網路詐騙防範、個資安全守則等，讓全民在生活中也能持續累積應對未來風險的能力。例如設計10分鐘微課程與互動測驗，民眾完成後可獲得數位徽章與在地折扣，強化學習誘因與社群參與。

>>從「反應」走向「預備」與「治理」

危機教育若僅止於應急反應與新聞追蹤，將永遠落後風險一步。真正具備治理視野的危機模擬與回復設計，應當是將風險視為學習的觸發點，並透過教育、訓練、制度與文化的共構，打造「會感知、能行動、可回復」的多層次韌性體系。正如聯合國教科文組織所指出：「永續素養，不是知識的堆疊，而是價值的實踐。」當風險成為日常的一部分，我們更需要以學習作為防線，以素養成為盾牌，走向一個更有預備力與共識基礎的未來社會。

❹制度整合與政策建議：三位一體機制的建立

要使危機模擬、回復設計與風險教育發揮整體作用，建議政府與企業建立以下三層級治理架構：

危機治理三層級架構表

機制類型	主要功能	實施主體
危機模擬與資料平台	整合災難模擬工具、建立跨部門訓練標準	國家災防中心、數位發展部、智庫
永續回復設計制度	制定災後重建指引，納入氣候韌性與社會正義原則	國發會、地方政府、工程與都市計畫單位
風險素養教育中心	發展教材、訓練講師、推動公私教育合作	教育部、勞動部、各級學校與非營利組織

在推動危機模擬與風險素養教育的制度化設計中，結合永續發展目標（SDGs）中的 SDG13「氣候行動」與 SDG17「促進目標實現的夥伴關係」，可協助建立具體、可衡量的績效評鑑架構。首先，在危機準備與模擬層面，可量化指標如「每年危機模擬次數」與「參與單位部門比例」，有助於檢核跨部門應變能力與演練普及程度。其次，針對災後回復力，則可追蹤「災後平均回復時間」與「預算控制成效」，衡量組織在事件後的資源調度與營運恢復效率。最後，在風險與永續素養培力面向，則可透過「永續課程參與率」與「風險感知指標變化」來評估民眾或員工風險意識是否顯著提升。這些量化評鑑不僅是政策成效的監測工具，更能強化各單位對SDGs治理精神的內化與落實。

5｜危機是永續的預言者：從反脆弱到未來設計

在災變與動盪逐漸成為治理常態的今天，「永續」已不只是道德選擇，而是生存條件。面對極端氣候、疫情、能源與資安威脅，治理者不再只需防範單一風險，而須思考整體制度如何適應不確定性、吸收衝擊、並持續運作。這樣的能力，不僅止於韌性（resilience），更進一步朝向一種反脆弱性（antifragility）的思維進化。

危機不只是災難事件，更是制度學習與創新啟動的節點；而未來的永續設計，應以危機作為預言與前導，重塑治理、資源與價值系統。

❶ 從韌性到反脆弱：治理能力的新方向

韌性強調系統在衝擊後的恢復力（bounce back），而反脆弱（Taleb, 2012）則進一步指出，有些系統不但不畏衝擊，反而能從壓力中成長與優化（bounce forward）。將此概念應用於公共治理與組織發展，意味著：

- 危機管理不能只是維持現狀，而應促進制度創新
- 必須設計「能從危機中學習與再造」的制度架構
- 強調系統自適應、自學習與跨系統互動的治理能力

在永續治理邏輯下，反脆弱性成為一種動態調整、跨域整合與價值重構的治理核心能力。危機治理的關鍵，不只是回應，而是「制度能否提早進化」。

❷**重新理解「危機」的本質：它不該只是被動承受的災難，更應是制度學習與組織進化的契機。**

如Guston於「前導治理」（Anticipatory Governance）理論中指出，若政府能夠透過預測、模擬與學習將未來納入制度設計，則原本無法控制的不確定性，反而可以轉化為創新與調適的催化劑。換言之，當危機可預測、可模擬、可學習，它就不再只是外部衝擊，而是制度進化的觸發機制。

①**情境規劃（Scenario Planning）：從未來倒推現在的制度準備**

情境規劃是一種不以預測準確度為目的，而是強調在多重未來路徑下建構組織敏感度與制度適應力的方法（Wack, 1985）。舉例而言，若全球平均氣溫在未來20年內上升超過2℃，將對台灣糧食進口、能源備載、低窪都市區造成系統性衝擊，政府若能及早建立模擬模型與行動腳本，便能降低應變成本、提升公民信任。再如疫後城市空間變遷（如遠距工作、人口移動、捷運使用量改變等），也可透過不同劇本的推演，提前調整基礎建設與財政分配。這種「預先編劇、平行演練」的制度工具，能使政策不再只是對既有問題的反射性修補，而是對「尚未發生的未來」的制度準備。

②政策沙盒（Policy Sandbox）：降低制度創新的阻力與成本

政策沙盒的設計初衷是為了突破制度創新中的「管制僵固性」，在可控範圍內進行快速試驗與調整。其原型來自2015年英國金融行為監管局（FCA）為監理金融科技而提出的創新制度，隨後被新加坡、韓國、台灣等導入智慧城市、教育治理、數位貨幣等領域（Zetzsche et al., 2017）。沙盒的價值不只在於「可以失敗」，更在於讓制度與現實之間產生迭代回饋。它允許小規模實驗，觀察新法規或制度設計的社會接受度、行政負擔與技術瓶頸，再進行調整。像在AI監理或再生能源補助等快速變動領域，若無法快速修法、亦無空間試錯，制度將永遠落後於技術與民意。因此，沙盒是一種結合「風險管理」與「創新催化」的治理機制。

③未來實驗室（Futures Lab）：打造跨域協作的制度共創場域

未來實驗室是一種具備趨勢洞察、制度原型設計與社會對話功能的治理平台，其關鍵在於：將未來議題的預警能力，轉化為當代政策的創新動能。這些實驗室常由政府智庫、大學研究中心、產業聯盟與公民社群組成，結合科學、技術、社會與倫理觀點，共同構思因應未來挑戰的制度方案（Miller et al., 2018）。

目前許多歐洲國家與新加坡已成立常設性「Futures Unit」或「National Centre for Foresight」，專責研擬AI倫理準則、氣候適應轉型政

策、高齡社會財政調適等長期議題。在台灣，也可發展以公衛韌性、偏鄉教育、氣候移民、AI社會治理等為核心主題的地方型未來實驗室。這類平台不是紙上談兵的願景想像，而是制度設計、試驗與民意交流的協作空間，是從治理「政府」走向治理「未來」的轉型關鍵。

❸制度創新的三大設計原則

以危機為預警機制與啟動器，邁向永續未來，我們需在制度設計上強化三個面向：

① 預測導向（Foresight-driven）

將政策設計與科學趨勢研究整合，形成「情境導向治理模型」，如聯合國開發計畫署（UNDP）推動之政策創新實驗室。

② 彈性框架（Flexible Governance）

制度不能僵固於單一法規與組織邊界，而需具備調整空間、容錯機制與實驗授權。例如「動態法規」制度（adaptive regulation）可用於AI、共享經濟等高變動領域。

③ 協作治理（Collaborative Governance）

危機無法由單一機關解決，永續治理需依賴跨部門、跨層級、跨利害關係人平台共同應對，如「氣候行動市民審議會」、「地方創生

跨部會協調會報」等制度架構。

❹以危機為契機：未來治理的策略地圖

危機治理策略地圖

未來治理挑戰	危機提示	可行對應策略
氣候極端化	水資源短缺	建立循環水制度、制定氣候風險揭露機制
民主信任危機	假訊息傳播	強化媒體素養、成立公信力平台
都市壓力上升	基礎建設失能	推動綠基礎建設、韌性都市設計
全球供應鏈衝擊	半導體斷鏈	在地生產策略、多元供應策略
勞動型態轉變	遠距工作常態化	制定數位勞動法、設計彈性就業架構

這張策略地圖說明：**危機所揭示的每一個破口，都是制度升級的起點；其對應的行動若能永續化、制度化，將構成面對未來最重要的基礎設施之一。**

❺用危機設計未來，而非僅僅復原過去

當我們反思危機，不應只是回頭看那場災難如何發生、如何被應對，更應前瞻性地問：我們能否設計一個制度，使未來的危機不再只是破壞力，而是一種再創造與轉型的契機？若能以預警制度、模擬工具、政策創新平台與社會學習機制為基礎，我們將不再被動等待災難，而是主動塑造永續未來的制度條件。

中文參考文獻

台灣積體電路製造股份有限公司（TSMC）.（2023）。永續報告書。取自 https://www.tsmc.com

英文參考文獻

Boin, A., McConnell, A., & 't Hart, P. (2008). *Governing after crisis: The politics of investigation, accountability and learning*. Cambridge University Press.

Boin, A., 't Hart, P., Stern, E., & Sundelius, B. (2017). *The politics of crisis management: Public leadership under pressure* (2nd ed.). Cambridge University Press.

Chelleri, L., Waters, J. J., Olazabal, M., & Minucci, G. (2015). Resilience trade-offs in adapting to climate change: Scope for conflict, incentives for cooperation. *Environmental Sustainability, 14*, 22-30.

Guston, D. H. (2014). Understanding "anticipatory governance." Social Studies of Science, 44(2), 218–242. https://doi.org/10.1177/0306312713508669

OECD. (2020). *Strategic crisis management in the COVID-19 crisis: Initial lessons learned*. https://www.oecd.org

OECD. (2021). *Good practices for crisis simulation exercises for pandemic preparedness*. https://www.oecd.org

Sterman, J. D. (2000). *Business dynamics: Systems thinking and modeling for a complex world*. Irwin/McGraw-Hill.

Taleb, N. N. (2012). *Antifragile: Things that gain from disorder*. Random House.

Tedeschi, R. G., & Calhoun, L. G. (2004). Posttraumatic growth: Conceptual foundations and empirical evidence. *Psychological Inquiry, 15*(1), 1-18. https://doi.org/10.1207/s15327965pli1501_01

UNDRR. (2015). *Sendai Framework for Disaster Risk Reduction 2015-2030*. United Nations Office for Disaster Risk Reduction.

UNESCO. (2017). *Education for sustainable development goals: Learning objectives*. https://unesdoc.unesco.org

United Nations. (2015). *Transforming our world: The 2030 agenda for sustainable development*. https://sdgs.un.org/2030agenda

United Nations. (2021). *Sustainable development goals report 2021*. https://unstats.un.org/sdgs/report/2021/

United Nations Development Programme. (2022). *Futures thinking and policy innovation labs*. https://www.undp.orgBeck, U. (1992). Risk Society: Towards a New Modernity.

Sage Publications.

Wack, P. (1985). Scenarios: Uncharted waters ahead. Harvard Business Review, 63(5), 73–89.

Walker, B., & Salt, D. (2006). Resilience Thinking: Sustaining Ecosystems and People in a Changing World. Island Press.

Zetzsche, D. A., Buckley, R. P., Arner, D. W., & Barberis, J. N. (2017). Regulating a revolution: From regulatory sandboxes to smart regulation. Fordham Journal of Corporate & Financial Law, 23(1), 31–103.

Chapter 12 危機處理的法律素養
發言、責任與制度化防線

在危機時刻，語言從來都不是無害的。它可能是救命的繩索，也可能是導火的引信。Coombs（2015）指出，危機中的語言是一種高風險行為，它既是傳播工具，也牽動著信任、責任與法律後果。從聯合報記者新聞現場走進大學的這段歷程中，見證了許多因「說錯一句話」而讓組織走入風暴核心的例子。

1｜危機言語的力量：話語與法律的交界地帶

❶否認式反應的失控代價：從主播緋聞到聲譽崩塌

任職記者期間，採訪過TVBS新聞台女主播薛楷莉，她在捲入緋聞與學歷造假疑雲後，面對媒體時，與電視台的第一時間選擇否認，更強硬、指責：「惡意中傷、蓄意抹黑！」拒絕回應具體事證。但隨著多方資料曝光，證據一一坐實，社會觀感急遽下滑，輿論轉向全面質疑：如果一開始能誠實面對、謙卑回應，結果是否會不同？

這是一場因語言策略失控而轉為危機升級的實例。否認，不代

表止血;激烈言辭,也未必代表堅強。電視台皆未設法釐清事實、未衡量否認的後果,也忽略了媒體追逐的反饋。最終,事件不只是個人形象崩毀,也讓電視台被貼上「護短」、「卸責」的標籤,聲譽一併蒙塵。

語言風險管理不只在於說什麼,更在於何時說、怎麼說、由誰來說。若在第一時間由專業公關出面,以查證中、尊重事實、不預設立場的態度處理,許多誤解與怒火或許能避免。正如 Coombs 所強調:「危機語言應建立在責任、回應與尊重的三角架構上。」

❷沉默與技術性話術的冷酷殺傷力:邱小妹人球事件

另一件更令人痛心的是2005年的邱小妹人球事件。這位四歲女童因父親施暴昏迷,被送往台北市立仁愛醫院,卻遭院方以沒有病床及後續照顧困難為由拒收,並強制轉診至台中童綜合醫院。女孩歷經長途轉送,腦幹功能喪失,最終身亡。事件揭發後,仁愛醫院該名醫師事後為了卸責,謊稱看過電腦斷層掃描結果,更與另一名醫師偽造病例,醫院官方的回應語氣冷淡、僵硬,反覆強調「依法處理」、「符合轉診流程」,毫無歉意與同理心。這種技術性的話語,在情緒爆發的社會現場,只會加劇憤怒與不信任。因此媒體輿論憤怒湧現,全台開始反思:在醫療資源最豐富的大台北,竟會出現這種人球悲劇?這不只是制度失靈,更是語言失職。醫師最後雖因病歷造假被判刑,但法律無法挽回失去的生命。

沉默，不是中立，而是共犯。話術，不是保護，而是掩飾。語言若缺乏誠意與人性，就會成為二度傷害。

❸語言是組織的鏡子，是信任的壓力閥

語言，是危機管理的第一道防線，也是最後一道防線。它是鏡子，反映出一個組織是否具備應變素養與誠信態度；它也是壓力閥，能釋放社會焦慮，也可能引爆集體憤怒。無論是主播否認式崩潰，或邱小妹案中的沉默話術，都顯示出：語言不是裝飾，它是一種道德選擇，也是一種法律風險。

因此，每個組織都應建立語言風險評估機制，讓每一位發言者學會在四個層面自問：

1. 我說的話，有無傷害他人？
2. 有無公益與誠意？
3. 是否查證屬實？
4. 是否可能觸法或引爆輿情？

語言不是懲罰，而是保護；不是修飾，而是信任的基礎。危機之中，沉默不如清晰，推託不如承擔。若語言能被當作一門風險管理的技術與藝術來修煉，風暴之中，說對的話，往往比做對的事還更能挽回一切。

2｜道歉的兩面刃：安撫情緒與潛藏風險

在危機管理中，道歉是一把雙面刃。誠懇的道歉能化解敵意、重建信任；然而，一句未經設計的道歉，也可能成為未來法律訴訟的導火線。尤其在法律與公關交織的場域中，話語的邊界與用詞的細節，往往成為日後判決中的關鍵依據。

誠意與責任的界線：道歉不是認罪

人們常以為「說對不起」是一種美德，卻忽略了道歉在法律語境中的風險。在台灣，目前尚未制定專屬的《道歉法》，也就是說，道歉聲明在法律上可能被視為「承認責任」的證據之一。法學專家，空中大學沈中元教授說：「道歉應被視為修復社會關係的一種非正式工具，而非法律上的自白」。

沈中元強調，特別是在醫療與教育等高信任場域，妥善設計的道歉不但能預防訴訟，更能提升對話品質與信任厚度。然而，若不加界定地發言，容易被媒體或對手斷章取義，在司法與輿論雙重場域中造成不必要的傷害。

面對重大失誤或公眾危機時，道歉常被視為組織危機應對的起手式，但一個道歉若缺乏策略設計，不僅無法止血，反而可能成為新的傷口。有效的道歉，並非單靠一句「我們很抱歉」即可收拾局面，而是必須具備語言設計的節奏、誠意表達的力道與制度回應的深度。根

據Lazare的研究與Benoit的形象修復理論（Image Repair Theory），策略性道歉是一種治理行為，也是一門溝通藝術，其核心目的，是在「誠意與界線」之間找出恰當位置，為信任重建留下空間與條件。

有效的策略性道歉通常應具備五個基本要素。

❶承認錯誤：這是一切道歉的基礎，必須精準拿捏責任範圍

避免一開始就全面承擔所有過失。因為在事實仍待釐清的初期，過早承認可能成為日後法律與輿論判決的根據。因此，建議使用如「我們對事件引發的關切深感遺憾，會全面檢討相關機制」的語言，傳遞出誠意，同時保留調查空間。

❷表達悔意：情緒的真誠表達，會比制式句型更具說服力

「我們對此深感痛心」、「我們理解您的憤怒」這類語言能營造出情緒連結的橋樑，但也須避免過度煽情，以免讓公眾認為只是情感操控。真正動人的道歉，是讓人感受到這個組織「有感」。

❸解釋原因：大眾不僅想知道「錯了」，更想知道「為何錯」

但這一步最容易滑入「甩鍋」或「模糊化」的陷阱。因此，在表達時應秉持「說明不是推責」的原則，清楚交代內部程序或外部因素的邏輯關聯。例如：「目前初步調查發現內部流程確有疏漏，我們將擴大檢視類似環節，避免再次發生。」

❹ 提出補救：補救的誠意來自具體，而非模糊的承諾

「我們將全額補償損失」、「已成立專責小組啟動退款機制」這類內容，應當具有可執行性與時間表。補救計畫本身，也是一份對外的行動保證書，是讓受害者願意再次聽你說話的前提。

❺ 承諾改善，沒有制度改變的道歉，只是形象止血，而非組織療癒。

策略性道歉的終點，是提出未來將如何做得更好。例如：「我們將於一週內更新內部檢查SOP，並邀請第三方稽核。」或「未來將每半年對外公布內控檢討報告。」這樣的做法，不僅有助於回應監管與媒體壓力，更能強化公眾信任再生。

策略性道歉不應流於公式，而是依照事件性質設計語意層次。Lazare提醒：「語言可以是關門，也可以是開門。」而Benoit更指出，道歉不只是說與不說的問題，而是「怎麼說」與「為什麼說」的精準拿捏。換句話說，策略性道歉的真義，在於創造一個轉圜空間，不是為了逃避，而是為了讓「責任與解決」能夠同時並存。

更重要的是，道歉的設計不應孤立，而應納入整體危機溝通與信任修復計畫之中。若在道歉後無跟進機制或透明進度，反而讓道歉變成另一次欺騙。因此，策略性道歉既是一句話的開始，也是一個系統的起點。它不是結束，而是一場修復關係與重建制度的深度啟動。

總結來說，道歉不能只是情緒上的反射動作，而應成為組織深度溝通與誠信治理的一部分。真正有效的道歉，是讓人感受到「你願意面對我，也願意改變自己」；而那，才是通往信任重建的唯一途徑。

在語言策略上，則建議使用**保留事實認定空間**的表述：

➢ 「我們對事件引發的關切深感遺憾，會全面檢討相關機制。」
➢ 「目前事實仍待釐清，但我們將主動面對，強化內部作業流程。」
➢ 「我們重視此事帶來的影響，後續將透過正式管道進行說明。」

這些語言不僅傳遞誠意，也避免了過早、過重的責任承擔。Benoit在「形象修復理論」中提到，危機中不只是「說」與「不說」的選擇，而是「怎麼說」與「為什麼說」的藝術。策略性道歉的核心，不是逃避責任，而是**在誠意與界線間找到平衡點**，為後續對話、調查與復原留下空間。

3｜誹謗、侮辱與不實資訊

❶危機處理中的基本法律認識

在危機情境中，組織與個人的發言不僅攸關形象，更可能觸及法律界線。《刑法》第310條明確指出：「意圖散布於眾，毀損他人名

譽者，處一年以下有期徒刑、拘役或三百元以下罰金」；即便陳述屬實，若無公益目的，仍可能構成誹謗（鄭玉波，2011）。而《民法》第195條也進一步保障個人名譽權，凡因言論造成精神損害者，得請求賠償。

此外，《個人資料保護法》第6條亦規範，未經當事人同意揭露照片、身份、通訊紀錄等資訊者，將面臨民事或行政責任。這些法律，構成危機處理中「發言合法性」的基本底線，讓危機當事人可知所進退。

❷危機語言的法律風險與誤區

現代社會資訊傳播快速，轉貼、留言、評論等行為往往在「無心」與「無知」之間模糊不清。Coombs（2015）指出，在危機中誤用言語易造成「二次危機」（secondary crisis），尤其在社群媒體上，焦慮情緒可能誘發未經查證的言論擴散，此類言論往往因「恐懼」、「自保」、「被恐嚇」等情緒主導，形成「危機中的危機」。例如，未經查證便責怪他人或公部門、公開指控個人失職，這些發言若無明確事證與公益目的，極易構成「名譽侵害」或「虛偽資訊散布」。

❸言論風險的事前防線與自我檢視

有效控制言論風險的關鍵，在於「預警機制」與「合法性檢視」。建議建立自我自我提問流程觀念：

1. 說之前，先問：「這話會傷人嗎？」
2. 轉之前，先想：「這訊息查證過嗎？」
3. 回應之前，先請教：「這段內容是否需要法律顧問協助？」

如Tedeschi與Calhoun（2004）所言，真正的「創傷後成長」來自於在風暴中學會法律，不是為了恐懼，而是為了自保與修復關係。

CASE 1 | 誹謗 vs. 合法評論

情境：某知名網紅在直播中說：「某醫美診所超黑心，根本詐騙集團。」

結果：該診所提告誹謗，法院認定該言論未提出足夠事證支撐，構成損害名譽。

法學觀點：即使事實部分為真，若用語誇張、無明確公益目的，仍可能構成誹謗（刑法第310條第3項）。

CASE 2 | 侮辱 vs. 合理批評

情境：一名網友留言：「這個藝人真噁，長這樣還出來丟臉！」

結果：被判構成侮辱罪，雖無指名具體事實，卻以貶低人格為目的。

法學觀點：《刑法》第309條定義侮辱為「公然貶抑人格而無事實根據」，不須證明事實不實，只要主觀意圖成立即可處罰。

CASE 3｜轉傳不實資訊的法律責任

情境：某員工群組轉發一則訊息：「某人透過職位拿了不少好處」、「高層涉貪」，結果該訊息為虛構。

結果：提出民事訴訟求償，法院認定散播不實訊息造成聲譽損失，部分轉傳者需負連帶責任。

法學觀點：《個資法》第6條、《民法》第195條均保護人格權與資料權，若未經查證散布資訊，恐涉不法侵權。

危機不是沉默的藉口，但「亂說」更易構成法律風險。有效的危機語言應掌握三項原則：

1. **同理**：理解對方情緒，避免刺激
2. **事實**：聚焦可查證資訊
3. **策略**：語言具建設性，導向問題解決

正如Coombs（2015）所言：「危機中的言語，不只是聲音，更是組織未來的種子。」

4｜發言人的責任與保護：面對媒體的準備策略

當危機來臨時，媒體彷彿一面毫不留情的放大鏡，將每一個細

節、每一則對話、每一場記者會赤裸裸地攤在公眾面前。在這樣的情境下，發言人不再只是組織內部的話語代表，而是整個組織信任系統的臨時樞紐。他所說的每一字每一句，可能安定人心，也可能引爆輿情；可能建立信任，也可能徹底瓦解形象。

一場危機的成敗，往往不在於第一時間是否已全面掌握真相，而在於能否以誠懇、清晰且具回應力的語言，為外界描繪出一個負責且有行動力的組織輪廓。當發言人面對鏡頭，他並不是孤單說話的人，而是扛著全體員工聲譽與組織價值站上風口浪尖的代言者。這樣的角色，要求的不只是說話技巧，更是心理穩定、危機判斷與溝通誠意的總和。他要懂得用語氣傳達誠意，用措辭營造透明，用節奏掌握節點。他說話的節制，是為了避免誤導；他承諾的深度，是為了讓信任有根可尋。

因此，一位優秀的發言人，不僅要具備傳播的知識，更需擁有治理的視野。他說的不只是話，更是一場修補裂縫的行動。他是風暴中的定錨，也是重建信任的起點。在一場危機風暴中，語言不再只是傳達訊息的工具，而是策略與責任的交會點。制度化的發言設計，成為一項關鍵治理工程，關乎組織能否穩住輿論場，守住信任紅線。Coombs提出的「唯一窗口原則」正提醒我們：在高壓時刻，發言若無明確授權與組織協調，極可能導致「多頭馬車」的混亂。尤其當各部門、個人甚至情緒性發聲混入公領域時，不僅削弱整體訊息一致性，更可能在法律與輿論層面引爆次生危機。

曾親身經歷某次師生爭議事件，倘若當時沒有落實唯一窗口原則、集中對外訊息管理，而是任由各教職員或學生單點接受媒體採訪，勢必造成訊息矛盾與焦點失控。這並非限制言論自由，而是危機治理中保護組織整體形象的必要防線。發言人不只是講話者，而是法律、品牌與策略的三重守門人。

　　進一步說，良好的發言訓練中必須內化「三不原則」：不推測、不否認、不承諾。這三項底線，對任何一位組織發言人而言，都是避險與穩健的關鍵。推測可能被放大解讀為「官方立場」；否認若未有明確事證支持，則易於事後被「打臉」，嚴重時甚至成為法院上的證據；而不經授權的承諾，更是危機傳播中最常見的法律陷阱，尤其在公共事故或消費者爭議事件中，未審慎表述的補償承諾將可能被視為正式契約條件，導致組織背負不必要的法務風險。

　　此外，面對媒體提問，發言人也應意識到自己「有權利說不」。根據《個人資料保護法》第8條，個人對自己的發言、形象與資料擁有告知與查證權利。實務上，發言人可以主張以下權益：事前取得訪綱、表達審閱需求、拒絕惡意提問。這不僅是合法的防禦機制，更是一種專業展現。如Fink所言：「危機中真正的控制權，來自準備，而非搶先表態。」而這份「準備」，正是每一位發言人所必須內建的底層系統。

　　發言人的本質角色是「信任的守門人」。換言之，發言不是為了說話本身，而是為了守護組織與利害關係人之間的信任結構。這就

代表，每一場面對鏡頭的發言，都是一次法律行為。語言的錯置，不只會引起輿情反彈，更可能構成毀謗、洩密、違約甚至詐欺的法律風險。總結來說，制度化發言設計的意義，在於提供組織一套可控、可檢驗、可修復的風險溝通機制。它不是單一人的表現，而是整個治理架構的一部分。真正優秀的發言人，能在壓力下說出正確的話、控制好節奏、建立信任，也為組織守住危機的邊界。在風暴裡，他就是那一道最穩的防線。

中文文獻

鄭玉波（2011）。《刑法總則（下）》。三民書局。
《刑法》第310條。
《民法》第195條。
《個人資料保護法》第6條、第8條。

英文文獻

Benoit, W. L. (1995). *Accounts, excuses, and apologies: A theory of image restoration strategies*. State University of New York Press.
Coombs, W. T. (2015). *Ongoing crisis communication: Planning, managing, and responding* (4th ed.). SAGE Publications.
Fink, S. (1986). *Crisis management: Planning for the inevitable*. AMACOM.
Lazare, A. (2004). *On apology*. Oxford University Press.
Tedeschi, R. G., & Calhoun, L. G. (2004). Posttraumatic growth: Conceptual foundations and empirical evidence. *Psychological Inquiry, 15*(1), 1-18. https://doi.org/10.1207/s15327965pli1501_01

新・座標46　PF0374

新鋭文創 INDEPENDENT & UNIQUE

風暴思維：
從危機管理理論到韌性治理的行動思考策略

作　　者	黃兆璽
編輯校對	徐之晴
責任編輯	鄭伊庭
圖文排版	陳彥妏
封面設計	黃之宣
封面完稿	嚴若綾

出版策劃	新鋭文創
法律顧問	毛國樑　律師
製作發行	秀威資訊科技股份有限公司
	114 台北市內湖區瑞光路76巷65號1樓
	電話：+886-2-2796-3638　傳真：+886-2-2796-1377
	服務信箱：service@showwe.com.tw
	http://www.showwe.com.tw
郵政劃撥	19563868　戶名：秀威資訊科技股份有限公司
展售門市	國家書店【松江門市】
	104 台北市中山區松江路209號1樓
	電話：+886-2-2518-0207　傳真：+886-2-2518-0778
網路訂購	秀威網路書店：https://store.showwe.tw
	國家網路書店：https://www.govbooks.com.tw
經　　銷	聯合發行股份有限公司
	231新北市新店區寶橋路235巷6弄6號4F
	電話：+886-2-2917-8022　傳真：+886-2-2915-6275

出版日期	2025年8月　二版
定　　價	450元

版權所有・翻印必究（本書如有缺頁、破損或裝訂錯誤，請寄回更換）
Copyright © 2025 by Showwe Information Co., Ltd.
All Rights Reserved

Printed in Taiwan

讀者回函卡

國家圖書館出版品預行編目

風暴思維：從危機管理理論到韌性治理的行動思考策略 / 黃兆璽(Joseph Huang)著. -- 二版. -- 臺北市：新銳文創, 2025.08
　面；　公分
ISBN 978-626-7326-80-0(平裝)

1.CST: 危機管理　2.CST: 策略管理　3.CST: 思維方法

494　　　　　　　　　　　　　114010461